U0157371

复杂环境下
江西红土
的物理力学性质研究

李焱 骆亚生 高江林 胡松涛 著

中国水利水电出版社
www.waterpub.com.cn

·北京·

图书在版编目（ＣＩＰ）数据

复杂环境下江西红土的物理力学性质研究 / 李焱等
著. -- 北京 ： 中国水利水电出版社，2023.11
ISBN 978-7-5226-1979-8

Ⅰ．①复… Ⅱ．①李… Ⅲ．①红土－力学性能－研究
－江西 Ⅳ．①P642.13

中国国家版本馆CIP数据核字(2023)第243215号

书　　名	复杂环境下江西红土的物理力学性质研究 FUZA HUANJING XIA JIANGXI HONGTU DE WULI LIXUE XINGZHI YANJIU
作　　者	李焱　骆亚生　高江林　胡松涛　著
出版发行	中国水利水电出版社 （北京市海淀区玉渊潭南路 1 号 D 座　100038） 网址：www.waterpub.com.cn E - mail：sales@mwr.gov.cn 电话：(010) 68545888（营销中心）
经　　售	北京科水图书销售有限公司 电话：(010) 68545874、63202643 全国各地新华书店和相关出版物销售网点
排　　版	中国水利水电出版社微机排版中心
印　　刷	北京印匠彩色印刷有限公司
规　　格	184mm×260mm　16 开本　10 印张　243 千字
版　　次	2023 年 11 月第 1 版　2023 年 11 月第 1 次印刷
定　　价	**98.00 元**

凡购买我社图书，如有缺页、倒页、脱页的，本社营销中心负责调换

红土是碳酸盐岩或玄武岩、花岗岩等通过物理化学风化后残坡积并通过复杂的红土化作用而形成的红褐色土体。红土黏粒含量高，矿物成分以高岭石、伊利石为主，土体呈酸性，由于游离氧化铁、铝的胶结作用，具有较高强度与较低压缩性等良好的力学特性，压实红土又具备较小的渗透系数，因而在江西省工程建设中得到大量应用。

本书针对江西省红土地区工程建设和运行过程中存在的关键技术难题，采用试验研究、数值模拟、理论分析等方法，对复杂条件下红土的工程性质进行了研究。在干湿循环条件下红土的物理力学性质方面，研究了自然干湿循环条件下压实红土的收缩膨胀特性、裂隙特性、结构性。在考虑水质条件的红土型坝安全评价方法方面，研究了碱液渗流侵蚀前后红土的物理力学性质变化、碱液对红土渗流侵蚀机理、碱液渗流侵蚀下红土型坝老化机理和规律。在红土的动力特性研究方面，探讨了双向动荷载作用下，含水率、固结应力、固结比、径向动荷载幅值以及轴向动荷载和径向动荷载之间相位差对重塑红土动强度、动变形特性的影响。

本书由李焱、骆亚生、高江林和胡松涛编写，第1章由李焱、高江林、胡松涛完成，第2章由高江林、胡松涛、汪吉完成，第3章由李焱、骆亚生、刘达完成，第4章由骆亚生、徐鹏、李焱完成，第5章由骆亚生、王牧鹏、李焱完成。

本书可供从事水利工程、交通工程、建筑工程、岩土工程等领域的科技人员、专业管理人员参考使用。本书在编写过程中引用和参考了一些学者的科研试验与技术成果报告等资料，在此谨对上述报告的编撰者表示谢意。由于编者水平有限，错漏之处在所难免，敬请读者批评指正。

作者

2023 年 10 月

目录

第1章 绪　　言

1.1　研究背景与意义

红土是1800年英国工程师在印度湿热的高原地区首先发现的一种富含铁质的红黄色土壤，此后红土陆续被发现。它是碳酸盐岩或玄武岩、花岗岩等通过物理化学风化后残坡积并通过复杂的红土化作用而形成的红褐色土体，黏粒含量高，矿物成分以高岭石、伊利石为主，土体呈酸性，具有特殊的工程性能。

据初步统计，在我国约960万 km^2 的土地上，有约200万 km^2 被红土所覆盖，主要集中在我国南方地区。其范围大致北起长江，南至海南，东起台湾和澎湖列岛，西至云贵高原及横断山脉，共涉及14个省区，是我国分布最广的土类之一，因而，在我国有"北黄土，南红土"的说法。

红土由于游离氧化铁、铝的胶结作用，具有较高强度与较低压缩性等良好的力学特性，压实红土又具备较小的渗透系数，因而在江西省水利、交通、市政等各类工程建设中得到大量应用。然而，红土地区的工程建设在取得重大成就的同时，也面临干湿循环频繁、水化学环境条件复杂、动荷载条件多变等诸多复杂环境，出现一些新的工程问题亟待解决。

一是在干湿循环条件下，红土的工程性质研究尚不深入。红土土方填筑过程中，工程完工一定时期后检测的压实度与施工过程中存在明显偏差。在渠道工程中，红土土体边坡在开挖以及运行过程中由于干湿循环作用易形成滑坡，为保证红土地区的水利工程安全，需要对红土本身的强度变形特性进行研究，而水利工程需要常年挡水，土体的含水状态变化对其力学特性有很大影响。由于红土具有遇水膨胀，失水干缩的特殊特征，使得大量病害在红土路基、红土边坡等工程部位产生，给工程运行造成了一定的危害，影响了工程经济和社会效益。

二是红土工程面临复杂水环境条件，水利工程红土型坝坝体运行过程中，劣质库水对坝体酸性红土的侵蚀作用研究尚不深入。数年前，由于非法养殖等活动造成水库水体污染，导致水体发臭、富营养化、pH值增大（高达12.4）等。红土由于特殊的成岩作用，其土体一般呈酸性，红土型坝在碱性水体的长期浸泡、渗流、渗流侵蚀下，较建坝之初产生工程性质变化，目前针对这些变化的研究还未展开。由于养殖导致库水水质较差的某小（2）型水库，在除险加固工程坝体开挖时发现：坝体上部土体呈土黄色～棕红色，下部土体呈黑褐色，颜色分界线与正常蓄水位浸润线基本一致，说明在长期污染水体的侵蚀下，坝体土确实产生了变化。

三是在双向动荷载作用下对红土的动力特性的研究尚未展开，传统的利用单向动荷载作用模拟地震荷载的研究具有一定的局限性。在以往的动三轴试验研究中，学者通常忽略地震纵波产生的拉压动荷载作用，将地震荷载简化为一水平剪切动荷载，在单向振动荷载作用下进行试验，并用最大剪切面上的应力来模拟地震荷载的作用。这种简化方法在深源地震或震级较小的地震中是可行的，但是在浅源地震或震级较大的地震中忽略地震纵波产生的拉压动荷载的影响，是不合理的和偏于不安全的。

针对江西省红土堤坝土方检测工作中存在的压实度变化和料场验证问题，进一步研究压实红土在干湿循环条件下的收缩膨胀特性和反复击实条件下最大干密度的变化规律，研究成果对于改进和提高江西省红土堤坝土方工程的压实度检测方法的准确性、可靠性具有重要意义。本书以干湿循环条件下土体含水状态的变化为突破口，对红土的力学特性进行研究；同时结合干湿循环试验，对裂隙发展后的红土进行抗剪强度试验，这对评价红土工程质量具有重要应用价值。

能反映在化学渗流侵蚀条件下的红土强度变形规律研究仍然不深入，适用于红土的强度变形规律的本构关系仍未完全建立，这些不利因素会对红土地区的工程建设产生一定的制约。本书将揭示红土劣化机理，预测强度变形规律，完善红土相关工程理论。伴随着工农业生产，普遍存在着水库富营养化等水体恶化问题，从化学、水利、岩土、环境等学科的角度研究水体-坝体之间的相互作用机理，探求污染水体对坝体的影响规律，对预测大坝病害发展规律、完善土坝劣化评价指标、保障大坝安全具有一定的现实作用。

国内外的很多学者都对土体的动变形特性进行了研究，为土体的动力反应分析提供了大量的科学依据和理论指导，国内以黏土为主，国外以砂土为主，但这些结论大多是通过在单向荷载下进行的动三轴试验和共振柱试验得到的，在双向动荷载作用下对土体动力特性的研究还没有大量展开，并且对红土在双向动荷载作用下的动变形特性的研究鲜有报道。红土在我国的南方各省市大量分布，这些地区的地震地质灾害时有发生，造成了巨大的经济损失和安全危害。红土具有高塑性、高含水率、高孔隙比、中低压缩性和高强度的工程特性，土体本身的性质，包括含水率、压实度、密度等，各种外界因素，包括固结应力、固结比、振动频率、动荷载幅值以及相位差，这些内外因素都会对红土的动变形特性产生一定的影响，研究这些因素对红土动变形特性的影响规律意义重大，因此，本书拟在双向动荷载作用下，研究含水率、固结应力、固结比、径向动荷载幅值以及轴向动荷载和径向动荷载之间的相位差对重塑红土动变形特性的影响，以期得到一些对红土动力反应分析有用的结论，为红土地区的地震反应分析和建筑抗震提供一些理论依据。

综上，本书针对红土在干湿循环条件下的胀缩与力学性质变化、工程运行过程中潜存化学侵蚀、复杂动荷载条件下相关问题研究不足等瓶颈进行深入研究，对于保证红土地区工程建设和运行安全具有重要意义。

1.2 主要研究内容

针对江西省红土地区工程建设和运行过程中存在的关键技术难题，依托江西省水利科技计划和重点工程建设项目，采用试验研究、数值模拟、理论分析等方法，对复杂条件下红土的工程性质进行了深入研究。

1.2.1　干湿循环条件下红土的物理力学性质

1. 自然干湿循环条件下压实红土的收缩膨胀特性

研究不同压实度土样在无荷载条件和有荷载条件下的收缩膨胀特性。

2. 干湿循环条件下红土的裂隙特性

利用直剪仪，对干湿循环后的裂隙性红土进行试验，以评定红土裂隙对红土力学特性的影响。

3. 红土的结构特性

利用直剪仪，分别对不同含水率的原状、重塑红土进行试验，比较不同压力、不同含水率下的原状、重塑红土应力差，研究含水率对红土结构强度影响。

1.2.2　考虑水质条件的红土型坝安全评价方法

基于对现有研究成果的分析，围绕碱液渗流侵蚀下红土型坝老化病害演变规律这一中心目的，本书将进一步研究碱液渗流侵蚀条件下红土的物理、力学性质变化规律、原因及红土型坝的短、长期稳定性及病害风险。

1. 碱液渗流侵蚀前后红土的物理、力学性质变化

对典型富营养化污染水体进行检测，确定主要致碱污染物，在此基础上，室内配制不同浓度的碱性溶液。利用特制的长期渗透渗流侵蚀装置，对红土进行不同时间跨度的渗透渗流侵蚀，在渗流侵蚀过程中记录红土的渗透系数变化，随后对红土进行物理、力学试验。对比渗流侵蚀前后的物理、力学性质变化，研究不同碱液浓度、不同渗流侵蚀时间等因素对红土工程性质的影响。基于室内三轴试验，对碱液渗流侵蚀后红土的强度参数变化规律进行研究。

2. 碱液对红土渗流侵蚀机理

对碱液渗流侵蚀前后的土样进行化学成分测定和微观结构观测，通过前后化学成分的变化，评判碱性溶液对土体中不同化学成分的作用；通过前后微观结构的变化，分析碱液的渗流侵蚀能力以及对微观结构的影响程度，进而分析碱液对红土工程性质影响的机理。

3. 碱液渗流侵蚀下红土型坝老化机理和规律

得到红土在不同浓度、不同时间跨度碱液渗流侵蚀后的物理、力学性质参数后，利用有限元软件对红土型坝的渗流特性、稳定性进行预测计算，并对经碱液渗流侵蚀后的坝体长期变形特性进行预测，分析坝体老化的规律和风险。

1.2.3　红土的动强度变形特性

学者对土体的动力特性已经做过大量研究，但是无论是砂土、粉土，还是黏土，在冲击荷载、正弦荷载等动荷载下的动三轴试验，大部分都是集中在单向振动荷载作用下的试验，鉴于仪器的限制，双向循环荷载下土体的动力特性研究还很少见。目前国内学者对红土的研究大多是集中在静力力学试验，动力特性方面的研究并不是很多，对红土的动力特性研究也多是动模量、阻尼比等变形特性方面的研究，动强度的研究较少，其中动三轴试验施加动荷载也是三角波、半正弦波、冲击荷载等单向循环动荷载，双向循环荷载下红土

的动力特性试验很是少见。

1. 双向循环荷载作用下红土的动强度特性

利用 SDT-20 型动三轴仪，对试样同时施加轴向和侧向循环动荷载作用，并以试样 45°剪切面上的动应力来模拟地震荷载作用，探究红土在单、双向动荷载作用下的动强度特性变化规律。主要探究含水率、固结围压、轴向循环动荷载幅值、侧向循环动荷载幅值以及轴向与侧向动荷载之间的相位差对红土的动强度特性发展规律的影响。

2. 双向动荷载作用下红土的动变形特性

在双向动荷载作用下对重塑红土土样进行试验，探究红土在双向动荷载作用下的动变形特性，旨在分析含水率、固结应力、固结比、径向动荷载幅值以及相位差对红土动应力应变关系曲线、动剪切模量、动剪应变、滞回曲线和阻尼比的发展规律的影响。

第2章 干湿循环条件下红土的物理力学性质

2.1 国内外研究现状

1. 红土的胀缩特性研究

红土的变形研究，主要涉及了固结沉降变形、胀缩变形和湿化变形。曾秋鸾[1] 收集了广西多地区红土的胀缩性试验研究成果指出，红土以胀缩变形为主，含水率对其胀缩潜势有很大影响。杨庆等[2] 对大连红土、南京膨胀土的强度特性进行了试验研究，认为红土具有与膨胀土类似的吸水膨胀规律。赵颖文等[3] 对广西红土的击实土样的胀缩性能进行了室内试验，认为红土击实样在多次干湿循环条件下具有明显的膨胀特性，且胀缩性能主要取决于土样的含水率，且同时受土体压实干密度的影响。此外，作者还对广西贵港红土和荆门膨胀土的收缩膨胀及物理力学指标性质进行对比试验，认为干湿循环条件下压实红土的收缩膨胀规律与典型膨胀土具有一定的相似性。方薇等[4] 以武广客运专线的红土为工程背景，发现该地红土具有超固结性、中等压缩性和强收缩弱膨胀的特征，指出影响红土胀缩变形的主要因素为矿物成分、交换性阳离子、粒度成分、上覆压力、气候因素。

姚海林等[5] 从微观角度指出，蒙脱石含量的增加会增大土的活动性指数，胀缩能力随之增强，自由膨胀率也会与之俱增。黄质宏等[6] 研究了土体经历不同的应力路径会对其应力路径造成明显的影响，不同的应力路径下，当土体完全破坏时，其轴向变形都不相同。王莹莹等[7] 研究了含水率与循环次数对重塑红土胀缩性能造成的影响，指出含水率越大，收缩变形量越大；随循环次数的增加土体的变形趋于稳定。张永婷等[8] 通过试验对比了击实红土与膨胀土的胀缩性受干湿循环及含水率影响下的差异，表明击实红土以收缩为主要特征，而膨胀土以膨胀为主；击实红土的水稳定性强于膨胀土，指出作为路基填料的两种土体之所以有两种不同的破坏形式，与其循环下变形的发展趋势有很大的关系。谈云志等[9] 研究了压实红土的湿化变形，认为是基质吸力的丧失导致的湿化变形，指出初始压实状态是变形的主要影响因素，未经湿化样的变形发生在启动阶段，而湿化土样的变形则主要发生在加速阶段。韦时宏等[10] 对红土进行了现场调查和室内试验，得出红土为超固结土，但密实度很低，随着深度的增加变形会加大。李景阳[11] 结合三轴试验和气压固结试验，指出红土的应力-应变曲线呈现 S 型。黄晓波等[12] 结合某机场高填路基，分析其沉降变形，并指出强夯处理能使高填土红土路基因附加荷载而引起的沉降变形满足要求。Vall 等[13] 对重庆红土做了大量试验，观测到其网状裂隙很发育，以竖向裂隙为主，水平裂隙次之，裂隙受气候影响显著，但不同部位有较大的区别，同时也受土的胀缩性和干湿条件控制。

刘恒[14] 通过对贵州六盘水红土的大量试验，发现该区红土天然含水率较高，在湿热交替的气候条件下容易失水收缩，形成较为发育的浅部裂隙。该区红土按膨胀性分类，则认为其没有膨胀性，不属于膨胀土；按收缩性分类，则属于中膨胀土，具有较大的收缩性。林世文等[15]以大连红土为工程背景进行了室内试验和现场观察，指出路基和边坡土风干后遇水流变性明显，使土体易于崩解流失，造成大面积的边坡塌方和路基损坏，对工程危害极大。

韦复才[16,17]通过对桂林红土室内实验，发现桂林红土具有弱一中等胀缩性，且以缩为主，缩大于胀以及剖面上胀缩变形下层大于上层的特点。刘龙武等[18]通过对耒宜高速公路红土填料路用性能的分析，结合土的失水收缩开裂和复水软化特征的室内实验结果，对红土路基表面开裂现象及裂缝扩展规律进行了研究，初步提出了防治开裂的工程措施及可直接用作填料的红土的评价标准。

干湿循环条件下土样体变特性的量化研究，一般可采用非饱和土的本构关系进行模拟。魏星等[19]在经典的非饱和土本构模型（BBM）的基础上，通过引入可逆性和不可逆性干湿循环体变的数学描述，建立了膨胀土干湿循环的本构模型，得到了较好的模拟效果。李舰等[20]基于 BBM 模型，提出了适用于吸力循环作用的膨胀性非饱和土本构模型，通过与试验数据的对比，认为该模型能较好地模拟吸力循环作用下产生的累积变形及随循环次数增加逐步趋于平衡的特性。

2. 红土的裂隙特性研究

针对干湿循环对红土的工程特性影响，学者进行了大量的研究。

刘宏泰等[21]对黄土的三轴渗透和三轴压缩试验进行了研究，试验研究结果表明：黄土的结构在长期的干湿循环作用下会被改变，而土体结构的改变会影响其渗透特性和强度特性。通过试验得到了重塑黄土的渗透性和强度在干湿循环作用下的变化规律，即：随着干湿循环周期的增加，重塑黄土的强度指标黏聚力和内摩擦角会呈现衰减的趋势，且出现最大衰减幅度是在第一次干湿循环后。

李文杰等[22]为了研究农田土壤干缩裂缝在干湿循环过程中的开闭规律，他们通过室内试验得到的壤质黏土在不同次数的干湿循环过程中的土体的干缩裂缝网络，并结合数字图像处理技术定量分析了其几何形态特征的变化。分析结果得出土壤含水率在干燥过程中随试验时间会历经三个阶段的变化。

在土壤增湿过程中，当含水率分别增加到 30％、32％、30％和 35％时，裂缝的面积与周长之比、长度密度、面积率和连通性指数开始迅速减小，土壤裂缝在含水率达到45％时完全闭合。

邹飞等[23]探讨了红黏土在失水过程中的裂隙变化规律，通过 Matlab 软件对图像进行了处理，得到了裂隙率和分形维数。

陈爱军、张家生[24]分析了黏土干缩裂缝的开展机理，采用线弹性力学和非饱和土力学理论，在一定的假设条件下导出了考虑土体抗拉强度的裂缝开展深度的理论解，表明裂缝开展深度主要受地表基质吸力控制。

黄质宏等[25]通过对裂隙发育的红黏土进行力学试验，探讨了裂隙发育的红黏土的强度和变形特征，同时提出了对裂隙发育红黏土进行力学特性评价时的注意事项。

刘馥铭、邵曼[26]对干湿循环后的红黏土表面裂隙参数进行了定量分析，进行了低应力条件下的快剪强度试验，并探讨了红黏土表面裂隙参数与抗剪强度的关系。结果表明，第1～2次干湿循环作用对表面裂隙最终形态的确定起主要作用。裂隙的产生对土体抗剪强度有重要的影响，可通过裂隙率、分形维数与抗剪强度参数的良好的线性关系来预测裂隙结构强度参数。

吴胜军等[27]在施工现场制作了红黏土路基模型，研究了在干湿循环条件下，路基体由于开裂形成的小裂缝、大裂缝、小块、裂块的发展规律，分析并提出了相应的建议及解决措施。

王培清等[28]通过对裂隙性红黏土边坡稳定性的影响因素进行分析，认为红黏土裂隙的发育对边坡的安全性系数影响很大。

杨澍[29]对干湿循环作用后的红黏土表面裂隙参数进行了提取，基于偏最小二乘算法定量分析和描述了各裂隙参数之间的关系。

褚卫军[30]与赵雄飞等[31]分别进行了红黏土干湿循环试验，表明了干湿循环过程中红黏土会出现裂缝特性和胀缩变形特性，并总结了红黏土裂缝和胀缩变形规律。

龚琰[32]研究表明含水率和循环次数对红黏土胀缩特性影响显著，含水率越大，裂隙度越高，抗剪强度降低。

陈开圣[33]研究了干湿循环下红黏土强度变化规律，指出采用后期强度参数作为稳定性计算参数较为符合实际工程情况。

王亮[34]通过试验表明随干湿循环进行，裂缝逐渐发展，抗剪强度及其指标降低。

3. 红土的结构特性研究

高国瑞[35,36]、刘松玉[37]、田堪良[38,39]、Yong[40]等对土体微观结构的研究进行的较早，取得的结论也较多，前期主要利用的是对土体和土颗粒之间的关系，研究不同性质土体在自然界的成岩过程，或利用分形几何的方法，对不同土体的结构特性进行合理的分析和判断。早期随着科技的发展，陈正汉[41]、雷祥义[42]、王永炎[43]等将电子显微镜等一系列新仪器、新技术应用到土体结构性研究中，使土体微观结构的研究具有了新的手段和工具。

对于土体结构性对宏观力学性质的影响，多集中于对黄土的研究，红土则较少开展。

廖胜修[44]、吴侃和郑颖人[45]等指出：非饱和黄土能否发生湿陷变形、发生湿陷变形的大小，主要取决于其土体的结构强度是否发生损失以及损失的程度。因此，只有了解了非饱和黄土结构强度的变化规律，才能正确认识其力学和工程性质。

黄土的结构强度是用来衡量土体结构性强弱的力学参数，它是指保持土体原生结构不被破坏的土颗粒之间连接处的连接强度。通过刘海松[46]、张伯平[47]、张炜[48,49]、党进谦[50-53]等的研究可知，黄土的强度包括两个方面：一是由黄土的原生结构性所形成的结构强度；二是由土体在固结压密时土颗粒间所形成的固结强度，此部分强度不受土体结构性的影响。

对非饱和黄土的结构强度研究，党进谦、李靖等利用直剪试验做了大量的工作。研究认为：非饱和黄土的结构强度可用其原生结构破坏后土体损失的强度的大小来衡量。在具体的确定中，结构强度的大小应该用原状黄土应力-应变曲线转点处所对应的原状黄土与重塑黄土的应力之差来表示，如图2-1所示，此图也可称为黄土的结构特性曲线。结构强度 q_s 与含水率的关系可表达为

$$q_s = A\omega^\lambda \qquad (2-1)$$

式中　q_s——黄土的结构强度;

　　　A，λ——土性决定的系数;

　　　ω——含水率。

张伯平等对杨凌非饱和黄土进行了不同含水率下的无侧限抗压强度试验研究,结果表明:在其他条件都相同的条件下,非饱和黄土的含水率越高,其结构强度就越小,非饱和黄土的结构强度受含水率的影响很明显。在无侧限抗压强度试验的条件下,结构强度与含水率的关系可表达为

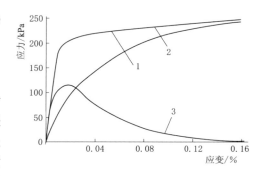

图 2-1　黄土的结构特性曲线
1—原状土; 2—重塑土; 3—原状-重塑应力差曲线

$$q_s = a - b\omega \qquad (2-2)$$

式中　q_s——黄土的结构强度;

　　　a，b——土性决定的系数;

　　　ω——含水率。

2.2　干湿循环条件下压实红土的胀缩特性

土体吸水后体积增大,失水后体积缩小的特性称之为胀缩性。红土是工程中的特殊土类,常会因土体的胀缩性,致使工程出现重大隐患。在水利工程中,由于浸水导致的膨胀隆起,干燥导致的收缩开裂,常对堤坝及堤坝建筑物或者在建工程造成较大安全问题。课题组在大量红土堤坝土方工程的检测中发现,完工一定时期后检测的土样压实度往往与施工过程中检测结果存在显著差异,从而影响到最终工程质量的准确评定。江西省处于亚热带季风气候,年降雨量充沛,旱、雨季分明。雨季降水丰富,旱季蒸发明显,实际工程条件下堤坝压实红土具备湿胀干缩变形的条件。

针对后期检测的压实度变化问题,有必要对实际工程条件下压实土样的胀缩变形展开研究。本章通过现场降雨压实度验证和室内实验,分析循环次数、含水率、膨胀率等因素的相关性,探讨相关规律与机理。

2.2.1　压实度变化的现场试验

为分析后期检测压实度的变化规律,结合江西省峡江水利枢纽城市防洪路堤结合土建Ⅱ标工程(以下简称城防Ⅱ标工程)开展现场压实度检测验证。峡江水利枢纽库区工程中堤防填筑材料黏土液限较高,具有一定膨胀性。

2.2.1.1　工程概况

吉水县城防Ⅱ标工程位于江西省吉水县赣江左岸,该工程项目是吉水县城市防洪项目中的一个标段,其目的是对该县辖区范围内赣江左岸的原有堤防进行加高加固,并进行防渗处理,同时作为路堤结合的一部分,堤顶修筑公路。该标段堤防堤顶高程为 53.00m,坡比为 1:2;堤脚线为枯水位约 42.00m,堤顶路宽 40m,路面为沥青混凝土路面,自内

而外设置 2%的单向排水坡。100 年一遇设计洪水位为 46.55m，坡面设置正六面体混凝土预制块护坡，护至百年一遇设计洪水位置。

2.2.1.2　降雨对土方压实度的影响

为了初步分析降雨对堤防检测压实度的影响，采用人工浇水模拟降雨，分析不同降雨量、检测深度条件下检测压实度的变化情况。

在压实好的堤防表面，选择一定区域作为试验区，测量 10cm、20cm、30cm、40cm、50cm 不同深度范围内压实度值。把试验区域分为 3 块，命名为 1 号、2 号、3 号试验区。同时对每块土体表面进行不同时长的均匀的洒水，1 号试验区 2h、2 号试验区 4h、3 号试验区 6h，待风干至含水率与洒水前相近时，分别测量 3 个试验区 10cm、20cm、30cm、40cm、50cm 深度压实度值。保持洒水量一致，重复上面洒水过程及压实度测量过程，共进行了 3 次洒水及测量过程。测量数据保留 1 位小数，结果见表 2-1。试验区 1 号、2 号、3 号模拟降雨量比例为 1∶2∶3，这里假设降雨量分别为 1mm、2mm、3mm，分别绘制出不洒水、第一次洒水、第二次洒水、第三次洒水时土层深度与压实度之间的关系，如图 2-2～图 2-4 所示。

表 2-1　　　　　　　　　　　降雨量与压实度试验数据记录表

降雨次数	试验区	压实度/%				
		土层深度 10cm	土层深度 20cm	土层深度 30cm	土层深度 40cm	土层深度 50cm
不洒水	1	94.6	94.6	94.5	94.3	94.2
	2	94.2	94.1	94	93.9	93.9
	3	94.5	94.3	94.3	94.1	94
第一次洒水	1	91.3	93.8	94	94.3	94.2
	2	90.6	93.1	93.6	93.9	93.9
	3	89.1	92.6	93.7	94.1	94
第二次洒水	1	89.4	92.6	93.6	94.1	94.2
	2	88.7	91.8	92.9	93.6	93.9
	3	86.2	89.7	91.5	93.1	94
第三次洒水	1	87.7	90.4	92.8	93.7	94
	2	85.3	89.1	91.4	92.5	93.3
	3	83.6	86.1	90.5	92.7	93.7

根据图 2-2～图 2-4 可知，没有降雨情况下，自堤防顶面到地下 50cm 深度范围内，压实度基本保持一致，只是自上而下略有减小，这跟振动碾压时功的波形传递有关，符合压实的一般规律。图中还能看出降雨量对堤防压实度的影响会随着土层深度的增大而减小，30cm 以上土层压适度最容易受到降雨的影响，30～50cm 范围内土层所受影响较小，压实度变化不大，深度大于 50cm 的土层基本不会受到降雨的影响。从图中还能看到降雨量越大，表层土的压实度减小得越明显。随着降雨次数的增大，压实度减小量也会相应增大，这也可以理解为表层土体在多次含水率变化的情况下，由于多次干、湿变形，使得土体的压实度减小，抵抗变形能力减弱。不同土层深度下不洒水、第一次洒水、第二次洒水、第三次洒水时降雨量与压实度之间的关系如图 2-5～图 2-9 所示。

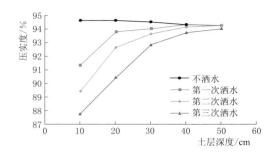

图 2-2　降雨量为 1mm 时压实度与土层深度的关系

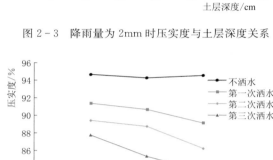

图 2-3　降雨量为 2mm 时压实度与土层深度关系

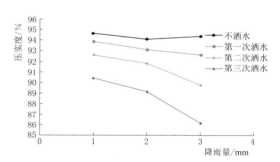

图 2-4　降雨量为 3mm 时压实度与土层深度关系

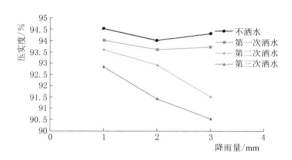

图 2-5　10cm 深度范围内压实度与降雨量关系

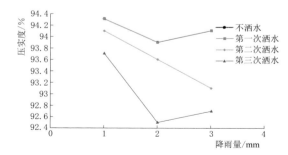

图 2-6　20cm 深度范围内压实度与降雨量关系

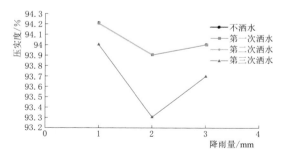

图 2-7　30cm 深度范围内压实度与降雨量关系

图 2-8　40cm 深度范围内压实度与降雨量关系

图 2-9　50cm 深度范围内压实度与降雨量关系

根据图 2-5～图 2-9 可知，随着降雨量的增大，压实度的减小量越来越大，而且随着降雨次数的增加，土体压实度的减小量有加剧的趋势。图 2-8 中，40cm 深度范围内，第一次洒水与不洒水时的压实度线重合；图 2-9 中，50cm 深度范围内，第一次洒水、第二次洒水与不洒水时的压实度线重合。这说明，随着土层深度的不断增大，降雨的影响越来越小，可以认为短时间内降雨对 40cm 以下土层的压实度基本没有影响。

根据现场试验验证，降雨对后期检测压实度具有显著影响，且深度越浅影响越大，为全面分析压实红土胀缩特性和压实度变化规律，应进一步开展自然干湿循环条件下的胀缩特性试验研究。

2.2.2 胀缩性试验研究方法

2.2.2.1 试验仪器与方法

红土多处于雨旱交替地区，试验土样取选自处于典型红壤土地区的江西省余江县洪湖水库大坝坝体。为更好地反映自然条件下的工程实际情况，应对同一土样进行不间断的收缩、膨胀试验。SL 237—1999《土工试验规程》[51] 中土的无荷载膨胀率、有荷载膨胀率及收缩实验需分别采用膨胀仪、固结仪和收缩仪进行。分别在不同仪器上进行土样的收缩、膨胀试验，反复取装样易造成土样扰动甚至破坏，从而影响试验结果。为此，研究利用杠杆式固结仪同时进行收缩、膨胀试验，实现在同一仪器上进行同一土样的反复收缩膨胀试验。通过施加相应配重实现对土样施加不同深度所对应的土压力荷载。同时，为满足收缩试验的透水要求，对试验环刀进行了加工改进。实验仪器为 WG-1B 型三联中压固结仪，实验环刀直径 61.8mm，高 20mm。收缩膨胀试验示意图、无荷载膨缩试验、有荷载收缩试验与多孔环刀分别如图 2-10～图 2-13 所示。

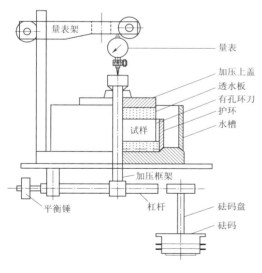

图 2-10　收缩膨胀试验示意图　　　　　图 2-11　无荷载膨收缩试验

本研究与 SL 237—1999 中试验条件的主要区别在于本书试验土样侧面为多孔环刀，而传统收缩试验土样侧面无环刀作用，传统膨胀试验土样侧面为无孔环刀。由于收缩试验

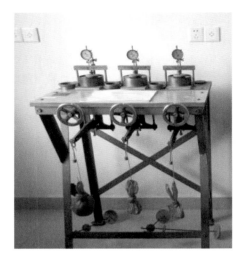

图 2-12　有荷载膨收缩试验

图 2-13　多孔环刀

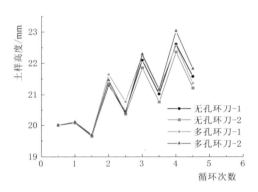

图 2-14　无荷载作用时多孔和无孔环刀的土样胀缩循环过程（土样压实度为 96%）

土样为轴向和侧向同时收缩，同时如图 2-14 所示根据无荷载作用时多孔和无孔环刀的土样胀缩循环进程对比（土样压实度为 96%），说明本书试验土样侧限条件的改变对于试验结果总体规律的分析影响较小。

为真实反映实际工程中压实红土的体变规律，采用自然风干和浸水膨胀措施模拟自然条件下的干湿循环作用。具体试验步骤如下：①按设定压实度制备土样，用多孔环刀切取土样；②将环刀土样装入试验仪器，安装好百分表，记录初始读数；③在水盒中注入纯水，记录开始时间，按 5min、10min、20min、30min、1h、2h、3h、6h、12h 等时间记录百分表读数，以 6h 内土样变形不超过 0.01mm 作为膨胀试验终止条件；④达到膨胀试验终止条件后，吸去水盒中的水，保持通风条件，开始自然收缩试验，并记录开始时间，根据室内温度及收缩速度每隔 1～4h 记录百分表读数，2 天后每隔 16～24h 记录百分表读数，以 2 次读数相同作为收缩试验终止条件；⑤达到收缩试验终止条件后，重新向水盒注入纯水开始膨胀试验，重复步骤③，如此循环进行自然条件下的收缩膨胀试验，记录相应的土样变形值。

2.2.2.2　试验方案

为分析土样在自然干湿循环条件下的收缩膨胀规律，分别进行同一压实度条件下不同荷载的收缩膨胀试验和无荷载条件下不同压实度土样收缩膨胀试验。

1. 同一压实度条件下不同荷载的收缩膨胀试验

自然条件下非饱和土体受降雨和蒸发影响较大的干湿循环区域具有一定深度界限[55]，参考部分学者有关非饱和土边坡降雨入渗的监测成果[56-59] 可知，土体含水率变化较大的区域多在 1.0m 深度以上。此外，对于一般堤坝土方工程，主要采用浅层开挖的环刀法进行压实度检测（取样深度一般不超过 1.0m）。因此，本书分别取 0.0m、0.1m、0.2m、0.3m、0.5m、1.0m 六个深度的荷载进行试验。考虑实际土方填筑工程以最优含水率进行施工填筑，仅对最优含水率条件下的压实土样进行研究。

不同荷载时的收缩膨胀试验方案见表 2-2，以压实度为 96% 的土样为例，相同试验条件下制备 2 个平行样。

表 2-2　　　　　　　　　　　不同荷载时的收缩膨胀试验方案

荷载/kPa	对应的土样深度/m	循环次数	压实度/%	含水率/%
0.00	0.0	4	96	23.2
1.92	0.1	4	96	23.2
3.84	0.2	4	96	23.2
5.76	0.3	5	96	23.2
9.60	0.5	5	96	23.2
19.20	1.0	5	96	23.2

2. 无荷载条件下不同压实度土样收缩膨胀试验

分别制备压实度为 90%、94%、96%、98%，含水率为 23.2% 的土样各 2 个进行平行试验。完成装样后根据相关规范要求，进行无荷载条件下不同压实度土样收缩膨胀试验，试验方案见表 2-3。

表 2-3　　　　　　　　　　　不同压实度的收缩膨胀试验方案

压实度/%	荷载/kPa	对应的土样深度/m	循环次数	含水率/%
90	0.00	0.0	4	23.2
94	0.00	0.0	4	23.2
96	0.00	0.0	4	23.2
98	0.00	0.0	4	23.2

2.2.2.3　胀缩率的计算方法

某时刻的无荷载膨胀率为

$$\delta_t = \frac{R_t - R_0}{h_0} \times 100 \tag{2-3}$$

式中　δ_t——t 时刻的无荷载膨胀率，%；

　　　R_t——t 时刻量表的读数，mm；

　　　R_0——试验开始时量表的读数，mm；

　　　h_0——土样初始高度，mm。

压力 p 作用下的膨胀率为

$$\delta_{ep} = \frac{R_p + \lambda - R_0}{h_0} \times 100 \tag{2-4}$$

式中　δ_{ep}——压力 p 作用下的膨胀率，%；

R_p——压力 p 作用下膨胀稳定后量表的读数，mm；

λ——压力 p 时的仪器变形量，mm；

R_0——试压力为零时量表的读数，mm；

h_0——土样初始高度，mm。

线缩率为

$$\delta_{si}=\frac{R_i-R_0}{h_0}\times 100 \qquad (2-5)$$

式中　δ_{si}——土样在某时刻的线缩率，%；

R_i——i 时刻量表的读数，mm；

R_0——试验开始时量表的读数，mm；

h_0——土样初始高度，mm。

相对膨胀（线缩）率为土样多次干湿循环过程中的某次膨胀（收缩）过程中土样的高度增量与本次膨胀（收缩）前土样高度的比值。

2.2.3 压实红土的收缩膨胀特性

2.2.3.1 不同荷载条件下红土的收缩膨胀特性

制备压实度为 96% 的土样，分别施加不同深度所对应的土压力进行有荷载的收缩膨胀试验，土的重度按 19.2kN/m^3 计算。

不同荷载作用下的试样在自然干湿循环过程中的高度变化如图 2-15 所示。

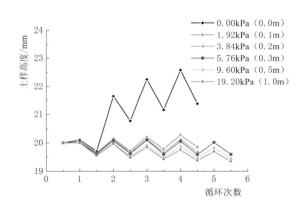

图 2-15　不同荷载作用下土样的胀缩循环过程

干湿循环条件下压实红土土样均具有明显的湿胀干缩特征。无荷载作用时，随着循环次数增加土样表现出明显的膨胀特性，经历一次干缩后单次循环的膨胀量明显增加，且随循环次数增加呈不断发展趋势，表现出不可逆膨胀特征。有荷载作用时，干湿循环过程中的膨胀特性明显减小，且当深度大于 0.2m 时，土样表现出一定的收缩特征，荷载越大，收缩特征越明显。

为反映土样收缩膨胀对体积变化的影响程度，分别列出不同载荷载作用下胀缩率随循环次数的变化规律，如图 2-16～图 2-19 所示。

从图 2-16 可以看出，土样的膨胀率随循环次数的变化规律与荷载大小密切相关。无荷载作用时的绝对膨胀率随着循环次数增加，但增长速率逐步趋缓，随着荷载的增大，绝对膨胀率随循环次数增加而逐步减小。不同荷载土样经多次循环后的绝对膨胀率分别为 12.88%、1.38%、0.56%、0.05%、-0.90%、-1.56%。当深度大于 0.5m 时，即使在湿胀状态，土样体积仍小于初始状态，表现出明显的收缩特征。

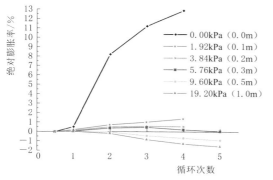

图 2-16　不同荷载作用下绝对膨胀率随
循环次数的变化规律

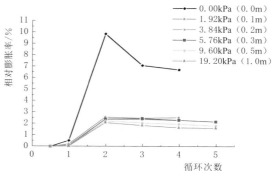

图 2-17　不同荷载作用下相对膨胀率随
循环次数的变化规律

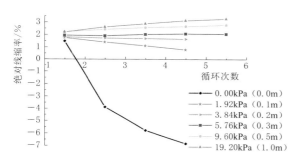

图 2-18　不同荷载作用下绝对线缩率随
循环次数的变化关系

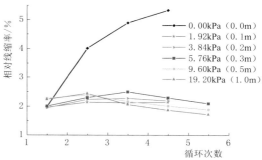

图 2-19　不同荷载作用下相对线缩率随
循环次数的变化规律

从图 2-17 可以看出，相对膨胀率随循环次数的增加，表现为先增大后减小（第 2 次膨胀时最大），并逐步趋于稳定。不同荷载土样经多次循环后的相对膨胀率分别为 6.71%、2.53%、2.29%、2.17%、1.81%、1.61%，荷载越大相对膨胀率越小。

从图 2-18 可以看出，绝对线缩率随循环次数的变化关系同样受荷载影响明显，荷载越大，绝对线缩率越大。不同荷载土样经多次循环后的绝对线缩率分别为 -6.85%、0.80%、1.65%、2.04%、2.78%、3.26%。无荷载作用时，即使是干缩状态，土样体积较初始状态而言，发生明显的膨胀特征。

从图 2-19 可以看出，无荷载作用时相对线缩率随循环次数增加逐步增大，有荷载作用时则表现为先增后减，且荷载越大相对线缩率越小。经多次循环后的相对线缩率分别为 5.34%、2.15%、2.19%、2.10%、1.89%、1.73%。

根据无荷载作用时土样的绝对膨胀率和绝对线缩率的变化规律（图 2-16 和图 2-18）可以看出，经过多次干湿循环后土样的体积膨胀范围为 6.85%（干缩）～12.88%（湿胀）。可见，表层压实红土在自然干湿循环条件下存在明显的体积膨胀现象，此时检测的干密度会明显小于施工过程中的检测结果。

综合相对膨胀率和相对线缩率的变化规律（图 2-17 和图 2-19）可以看出，随着循环次数的增加，相对线缩率与相对膨胀率逐步接近，说明土样胀缩体变逐步接近平衡状态。此外，有荷载作用时的相对膨胀率和线缩率明显小于无荷载时的结果，表明自重荷载对干湿循环条件下压实土样的收缩膨胀效应具有一定的约束作用。

总体上，江西省压实红土在自然干湿循环条件下的胀缩特性与一般压实膨胀土类似。有关压实黏土微观结构分析的研究成果表明，压实黏土具有明显的微观和宏观双重结构特征[60]，外力作用（荷载、重力场）主要影响土的宏观结构，而内力作用（吸力或含水率变化引起）主要影响土的微观结构，同时微观结构的变化也会对宏观结构造成一定影响[61,62]，这与部分国内学者对干湿循环作用下土样的孔径分布测试成果类似[63]。因此，干湿循环作用下土的胀缩变形主要是吸力（或含水率）变化引起聚集体的微观结构变化在宏观上的表现。

综合试验成果，自然干湿条件下压实红土的实际变形为自重荷载引起的宏观结构变化和干湿循环引起的微观结构变化及其耦合作用的综合变形效应。

2.2.3.2　不同压实度条件下红土的收缩膨胀特性

不同压实度红土土样在自然干湿循环过程中的高度变化如图 2-20 所示。

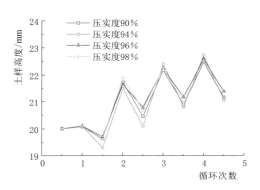

图 2-20　不同压实度土样的胀缩循环过程

土样具有明显的湿胀干缩特征，不同压实度土样的高度变化规律基本类似：第 1 次膨胀量相对较小，从第 2 次膨胀开始（经历一次干缩后）单次循环的膨胀量明显增加，且随循环次数增加呈不断发展趋势，表现出不可逆的体变特征。

为分析土样收缩膨胀对体积变化的影响程度，列出不同压实度胀缩率随循环次数的变化规律，如图 2-21～图 2-24 所示。

从图 2-21 可以看出，土样的绝对膨胀率随着循环次数增加逐步增大，第 2 次膨胀率增

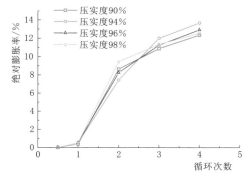

图 2-21　不同压实度绝对膨胀率随
循环次数的变化关系

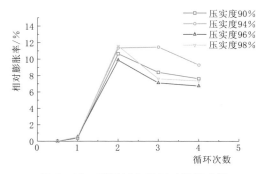

图 2-22　不同压实度相对膨胀率随
循环次数的变化关系

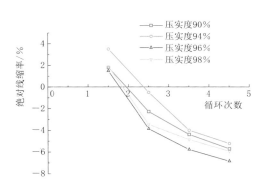

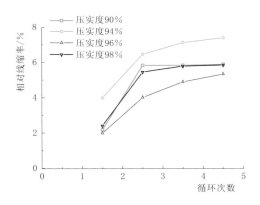

图 2-23　不同压实度绝对线缩率随　　　　图 2-24　不同压实度相对线缩率随
　　　循环次数的变化关系　　　　　　　　　　循环次数的变化关系

幅最大，随着循环次数增加，绝对膨胀率增长速度趋缓。经 4 次循环后的绝对膨胀率分别为 12.34%、13.64%、12.88%、12.53%。

从图 2-22 可以看出，第 2 次膨胀时的相对膨胀率最大，此后逐次减小，经 4 次循环后的相对膨胀率分别为 7.62%、9.28%、6.71%、7.32%。

从图 2-23 可以看出，第 1 次收缩时的绝对线缩率为正，从第 2 次收缩开始，绝对线缩率为负（即干缩后的绝对体积仍大于初始体积），且随循环次数增加而持续减小。经 4 次收缩后，不同压实度土样的绝对线缩率分别为 -5.71%、-5.21%、-6.85%、-5.94%，说明即使是干缩状态，土样体积较初始状态均发生了膨胀。

从图 2-24 可以看出，相对线缩率也表现为在第 2 次收缩时增加最为明显，此后逐次增大，但增量趋缓。不同压实度土样第 4 次收缩的相对线缩率分别为 5.90%、7.42%、5.34%、5.86%。

根据绝对膨胀率和线缩率的变化规律（图 2-21 和图 2-23）可以看出，经过多次干湿循环后土样的体积膨胀范围为 5.21%（干缩）～13.64%（湿胀）。可见，无荷载作用时压实红土在自然干湿循环条件下存在明显的体积膨胀现象，此时检测的压实度会明显小于施工过程中的检测结果。

对比相对膨胀率和线缩率的变化规律（图 2-22 和图 2-24）可以看出，初次循环时，相对膨胀率明显大于相对线缩率，土样表现出显著的膨胀特性，但随循环次数增加，相对线缩率不断增加，而相对膨胀率不断减小，两者逐步接近。由于试验条件限制（第 5 次膨胀后土样有所崩解），本书未能继续增加干湿循环次数，但综合对图 2-21～图 2-24 进行的分析可以预测，随着循环次数进一步增加，土样收缩膨胀最终会接近一种平衡。总体而言，无荷载作用时压实红土的收缩膨胀规律与一般膨胀土类似[64,65]。

此外，由于存在制样、试验节点控制（未进行吸力或含水率控制）等环节的差异，不同压实度大小对干湿循环条件下红土收缩膨胀特性影响的规律性不明显，但并不影响本书对自然干湿条件下的土样胀缩变形和总体规律的分析。

2.2.3.3　实测干密度的影响因素及规律

为分析后期压实度检测结果与施工过程结果的差异情况，根据压实红土的收缩膨胀特性和环刀法检测的操作过程，分别对干湿循环、自重荷载、取样卸荷回弹等作用对压实度检测结果的影响进行分析。

1. 干湿循环作用的影响

根据不同深度土样的绝对膨胀率和线缩率可知，不同取样深度所检测的压实度较施工过程检测结果的差异情况见表 2-4。受土体胀缩变形的影响，后期压实度的检测结果较施工过程中有较大偏差，且不同干湿状态时检测的结果也有明显偏差。取样深度对后期压实度的检测结果也有显著影响，若在表层取样，受土体膨胀影响，压实度会明显小于施工过程中的检测结果；而当取样深度较大时（大于 0.5m），受土体压缩影响，检测结果则会偏大。

表 2-4　　　　　　　多次干湿循环后的压实度偏差（压实度 96%）

取样深度/m	体变比例最大值/%	体变比例最小值/%	压实度的变化情况/%	
			压实度	偏差范围
0	12.88	6.85	85.05～89.85	−10.95～−6.15
0.1	1.38	−0.79	94.69～96.76	−1.31～0.76
0.2	0.56	−1.65	95.47～97.61	−0.53～1.61
0.3	0.06	−2.05	95.94～98.01	−0.06～2.01
0.5	−0.90	−2.78	96.87～98.75	0.87～2.75
1.0	−1.57	−3.27	97.53～99.25	1.53～3.25

注：表中体变比例为较土样初始体积的比值，体积增加为正，减小为负；压实度增加为正，减小为负。

根据 SL 631—2012《水利水电工程单元工程施工质量验收评定标准　土石方工程》、SL 634—2012《水利水电工程单元工程施工质量验收评定标准　堤防工程》可知，施工质量验收评定标准，土坝的压实度检测中不合格样的压实度不低于设计值的 98%；1、2 级堤防防渗体的压实度检测中不合格样的压实度不低于设计值的 96%。由表 2-4 的偏差范围可知，后期土体的收缩膨胀变化会直接影响检测结果的评定。

由表 2-4 中不同取样深度与偏差范围的对应关系可知，根据土体干湿状态（如含水率大小）选择取样深度可减小后期压实度检测结果的偏差。多次循环后土样表现为膨胀或收缩的临界状态（收缩量与膨胀量相等）所对应取样深度，即为综合偏差最小的取样深度。将表 2-4 中两个深度（0.1m 和 0.2m）对应的偏差范围的中值进行内插，得出临界深度为 0.13m，该深度进行取样检测的偏差范围为−0.92%～1.19%。

综合室内试验与现场检测成果的对比可以看出，室内试验反映出的后期检测压实度随取样深度的变化规律与类似工程现场实测结果的总体规律基本一致，但由于两者试验条件（试验土类、循环次数、制备压实度、试验节点的控制条件等）的不同，各节点量值有所差别。

为全面分析实际工程条件下堤坝土体的体变影响因素，以及干湿循环作用对土体体变作用的贡献大小，结合实际工程中环刀法检测土体干密度的工作条件，需进一步研究自重荷载和取样卸荷回弹对土体体变的影响情况。

2. 自重荷载作用的影响

通过制备压实度为 96% 的土样进行压缩试验（无干湿循环作用），得出不同深度自重荷载与体积收缩率的变化关系如图 2-25 所示。三个深度（0.3m、0.5m 和 1.0m）对应的自重荷载引起的体积收缩率分别为 0.11%、0.28%、0.45%，自重荷载引起的体积收缩率随着深度增加而增大，当取样深度 2.6m 时，体积收缩率达到 1.5%，此时检测压实度明显大于施工过程的检测结果，此分析得出规律能较好解释部分红土堤坝工程黏土心墙钻孔检测压实度偏大的现象（本书研究目的之一）。总体上，仅有自重荷载作用时的收缩率明显小于有干湿循环作用时的结果。可见，由于干湿循环过程中土的结构变化，干湿循环作用会使土体荷载作用的体变效应更加明显。

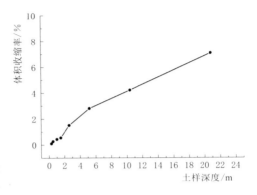

图 2-25　不同取样深度自重荷载
作用时的体积收缩率

3. 取样卸荷回弹作用的影响

为探讨取样过程中卸荷回弹对土样体积变形的影响，对经多次干湿循环后的土样（分湿胀和干缩两种状态）进行卸荷回弹试验，不同荷载土样卸荷回弹膨胀率随时间的变化规律如图 2-26 和图 2-27 所示。卸荷回弹作用导致的膨胀率随取样深度的增加而增大，浸水膨胀状态较自然干缩状态的膨胀率略大，但回弹膨胀率均不超过 0.09%。由于环刀法检测的卸荷影响过程有限（取样过程一般不超过 1h），因此取样过程的卸荷回弹作用对压实度检测结果的影响可以忽略。

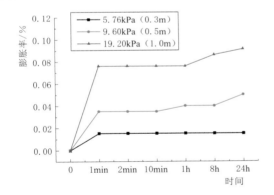

图 2-26　湿胀状态卸荷回弹
导致的土样膨胀率

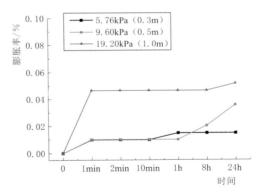

图 2-27　干缩状态卸荷回弹
导致的土样膨胀率

综上分析，影响后期测点干密度检测结果偏差的主要因素为干湿循环作用和自重荷载作用。考虑实际土方填筑工程中土体的含水率变化幅度和取样深度均在一定范围内，在已知最大和最小含水率的前提下，对于经多次干湿循环后土样的体积变化，可根据实测含水率进行线性内插获得。根据现场土体干湿状态（如含水率大小）选择特定的取样深度即可减小后期压实度检测结果的偏差。对于江西省红土堤坝，推荐的取样深度为 0.13m 左右，在该深度下进行取样检测的压实度偏差范围达到最小，可提高测点压实度检测的准确性。

此外，采用考虑吸力（或含水率）循环、净应力及其耦合效应的膨胀性非饱和土本构模型进行模拟计算也能达到较为理想的效果。

2.3　干湿循环条件下红土的裂隙特性

利用直剪仪，对干湿循环后的裂隙性红土进行试验，以评定干湿循环造成的红土裂隙对红土力学特性的影响。

2.3.1　研究方案

重塑土土样过 0.5mm 筛后，制样含水率与干密度控制为 21.3% 与 1.51g/cm³，用其制作高为 2cm，直径为 6.18cm 的重塑试样。

为了对多次干湿循环后的红土裂隙和强度特性进行研究，拟进行 25 次干湿循环试验，并在干湿循环进行到第 0、1、2、3、4、5、6、8、10、12、14、16、18、20、25 次后进行裂隙特征分析和力学特性试验，试样共计 15 组，60 个。试验的初始含水率定为试样的饱和含水率，试样的脱水过程采用低温烘干法，温度为 70℃，烘干时间为 12h；试样的增湿过程采用真空饱和法，抽气时间为 2h，真空浸泡时间为 10h。

裂隙产生在土体脱水的过程中，为了取得更好的裂隙发展后土样的图片，对土体拍照的时机选择为土样脱水过程完成后，对土样的强度试验则选择在饱和完成后。

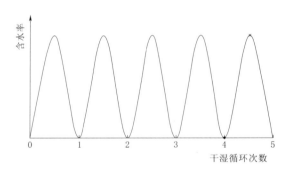

图 2-28　第 4 次干湿循环过程图

以第 4 次干湿循环为例，在第 4 次干湿循环完成后，对饱和土样进行低温烘干，12h 后取出土样，参考文献 [66] 的方法，固定光照强度、固定位置对土样进行裂隙发育情况拍照，拍照完成后将土样放回饱和器进行真空饱和，饱和完成后，取出土样进行固结排水剪切试验，对数据进行处理后即取得 4 次干湿循环后的土样裂隙发育和力学特征。第 4 次干湿循环过程如图 2-28 所示。

2.3.2　干湿循环对红土裂隙性和力学特性的影响

2.3.2.1　干湿循环对红土裂隙性的影响

现有研究结果已经表明干湿循环效应对红土的裂隙发育和强度会产生影响，但研究干湿循环的次数多为 4～5 次。然而现实环境中，红土边坡、路基等所受的干湿循环次数可能是数次至数十次，研究较少次数的干湿循环效应对红土的工程特性影响无疑具有一定的局限性。因此，本书拟对红土进行多次干湿循环研究，以期在前人研究成果的基础上，探讨红土经多次干湿循环效应之后的裂隙和强度发展规律，丰富研究成果。

如图 2-29 所示是对图像进行黑白处理后的典型裂隙图及局部放大图。可利用 Auto-

CAD 软件对裂隙进行描绘，并统计裂隙长度。

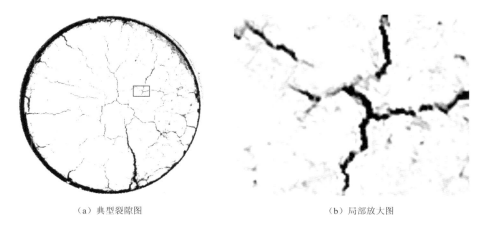

（a）典型裂隙图 　　　　　　　　　　　　（b）局部放大图

图 2-29　典型裂隙图及局部放大图

以第 14 组第 1 个土样为例，给出第 1、2、3、5、8、10、14、20 次干湿循环后的土样裂隙发育过程图，如图 2-30 所示。

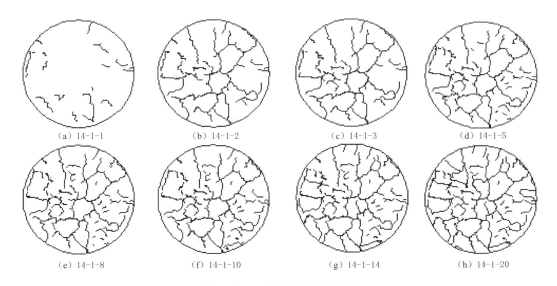

（a）14-1-1 　　　　（b）14-1-2 　　　　（c）14-1-3 　　　　（d）14-1-5

（e）14-1-8 　　　　（f）14-1-10 　　　　（g）14-1-14 　　　　（h）14-1-20

图 2-30　土样裂隙发育过程图

可以看出：在第 1 次干湿循环过程中，土样形成了微小裂隙，但裂隙的发育趋势状况不清楚，从第 2 次干湿循环开始，土样的裂隙发育位置就已经确定，此后再经历干湿循环，土样可能产生新的微小裂隙，但此前产生的裂隙位置不再变化。其原因可解释为：裂隙在第 1 次脱水过程中产生的位置是随机的，并形成了薄弱结构面，在增湿的过程中，裂隙因红土的膨胀作用而闭合，但土样的完整性已经被破坏，以后每次脱水，闭合的裂隙又会张开。

为对干湿循环后的裂隙发育情况进行定量分析，本书定义裂隙总体长度与总表面积之比为裂隙度，其公式为

$$\gamma = \frac{l}{A} \tag{2-6}$$

式中　l——土样表面可被识别的总体裂隙长度，cm；

　　　A——土样表面积，cm^2；

　　　γ——裂隙度，cm/cm^2。

给出第 14 组，干湿循环为 25 次的 4 个土样的裂隙度，见表 2-5；全部 56 个土样的裂隙度随干湿循环次数变化规律如图 2-30 所示。

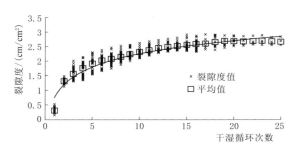

图 2-31　土样裂隙度随干湿循环次数变化规律

通过表 2-5、图 2-30、图 2-31 发现，虽然在一组 4 个土样中裂隙的位置、大小、走向各不相同，但裂隙度总体发育规律基本一致：裂隙在第 1 次干湿循环后产生较少，裂隙度较低；从第 2 次干湿循环开始，裂隙度显著增加；干湿循环至第 5~10 次时，裂隙度增加速率放缓；第 15~20 次之后，裂隙度基本不再增长。

对各土样在一定干湿循环次数下的裂隙度平均值进行统计，同时取得图 2-31 依据的拟合公式，可以表达为

$$\gamma = 0.6527\ln(N) + 0.7474 \tag{2-7}$$

式中　γ——裂隙度，cm/cm^2；

　　　N——干湿循环次数。

表 2-5　　　　　　　　　　　　　　　　第 14 组土样的裂隙度

干湿循环次数	裂隙度/(cm/cm^2)				干湿循环次数	裂隙度/(cm/cm^2)			
	14-1	14-2	14-3	14-4		14-1	14-2	14-3	14-4
1	0.362	0.208	0.205	0.304	14	2.370	2.375	2.350	2.497
2	1.415	1.323	1.216	1.403	15	2.361	2.388	2.358	2.584
3	1.830	1.788	1.650	1.720	16	2.454	2.423	2.360	2.688
4	1.840	1.935	1.950	1.820	17	2.468	2.400	2.422	2.752
5	1.943	2.042	2.050	1.982	18	2.498	2.391	2.499	2.851
6	1.940	2.062	2.180	2.090	19	2.550	2.451	2.695	2.879
7	2.030	2.130	2.210	2.171	20	2.560	2.517	2.683	2.853
8	2.030	2.267	2.231	2.270	21	2.580	2.524	2.696	2.860
9	2.060	2.316	2.250	2.300	22	2.600	2.583	2.658	2.870
10	2.125	2.345	2.320	2.323	23	2.640	2.556	2.689	2.882
11	2.212	2.375	2.245	2.340	24	2.620	2.559	2.651	2.819
12	2.274	2.398	2.339	2.359	25	2.560	2.551	2.703	2.826
13	2.366	2.361	2.393	2.388					

2.3.2.2 干湿循环对红土力学特性的影响

为了研究干湿循环效应对土的强度影响，对土体进行了不同干湿循环次数下的直剪试验，所得到的结果见表 2-6。给出黏聚力和内摩擦角与干湿循环次数的关系，如图 2-32所示。

表 2-6 土的强度参数随干湿循环次数变化表

干湿循环次数	强度参数		裂隙度平均值/(cm/cm²)	干湿循环次数	强度参数		裂隙度平均值/(cm/cm²)
	黏聚力/kPa	内摩擦角/(°)			黏聚力/kPa	内摩擦角/(°)	
1	28.2	26.7	0.312	10	11.6	19.8	2.304
2	18.8	25	1.315	12	11.2	20.1	2.448
3	17.9	24.3	1.559	14	11.3	19.5	2.518
4	16.2	23.3	1.746	16	10.9	18.8	2.584
5	13.6	22.1	1.919	18	10.6	18.3	2.640
6	12.6	19.8	2.021	20	10.8	17.9	2.679
8	11.9	19.6	2.147	25	10.1	18.1	2.660

通过图 2-32 可以发现，在前 5~6 次干湿循环过程中，黏聚力和内摩擦角都随着干湿循环次数的增加而降低，这说明土体在产生裂隙后，固结作用不能使其裂隙真正闭合，已经产生的裂隙仍会对其强度产生影响。而干湿循环进行到 10 次后，土体强度参数基本不再变化，说明土体的强度参数不能随干湿循环的进行而无限降低。

为对干湿循环后土体的裂隙度和强度参数进行研究，给出强度参数与裂隙度（平均值）关系图，如图 2-33 所示。

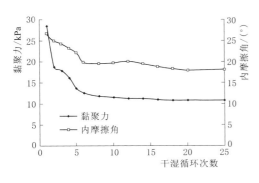

图 2-32 强度参数与干湿循环次数的关系

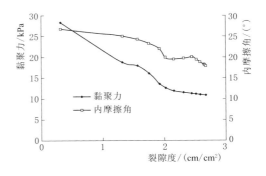

图 2-33 强度参数与裂隙度关系

通过图 2-33 可以发现：强度参数与裂隙度线性关系较好，随着裂隙的增加发展，土体黏聚力、内摩擦角均有所降低，结合表 2-6 可知，当干湿循环效应不足以引起裂隙度增加或增长缓慢时，土体强度参数也基本保持不变。

由于干湿循环进行到 10 次后，土体强度参数才能基本稳定，建议在后续研究和工程实践中，若需考虑干湿循环效应的影响，应将干湿循环进行到 10 次以上。

2.4　红土的结构特性

本章将利用直剪仪，分别对不同含水率的原状、重塑红土进行试验，比较不同压力、不同含水率下的原状、重塑红土应力差，研究含水率对红土结构强度的影响。

2.4.1　研究方案

由于特殊的成岩过程，红土形成了独特的结构特点，其内部土颗粒胶结处的联结强度对红土的力学和工程性质起着主要作用。

当红土的原生结构在力的作用下发生破坏时，颗粒之间的联结强度逐渐消失，但土颗粒在正常固结情况下的强度（土颗粒间的摩擦力、咬合力等）不会变化。所以，红土的结构强度可以定义为土颗粒之间产生的联结强度，其大小为原生结构遭到破坏时所损失的强度，可用其原生结构破坏时原状红土与同物理状态下的（同干密度、同含水率等）重塑红土的应力差表示。

土样的制备要求严格控制其含水率和密度，同一类土各土样的干密度为 $1.51\text{g}/\text{cm}^3$。将现场取回的原状土样分别制成不同初始含水率的原状土样和相应的（同含水率，同密度）重塑土样，重塑土样的制备过程为：先将风干土样碾碎、过筛、拌匀，充分破坏土样的天然结构，然后按所需含水率均匀加水搅拌，保湿静置一昼夜，分层击实至要求的密度，再切取土样，要求含水率和密度的制样误差不超过 1%，初始含水率分别控制为 17%、21%、25%、28%、32%，共 5 种，试验前称重反算各土样的初始含水率，以反算的初始含水率为准。

试验采用 DJY-4 型四联等应变直剪仪，采用固结快剪法，剪切历时 3~5min。剪切速率为 1.2mm/min，垂直压力分别为 100kPa、200kPa、300kPa、400kPa。土样在各级压力下的抗剪强度取峰值强度或剪应力-剪切位移曲线上变形量为 6mm 时所对应的应力，分别测定每一初始含水率的原状土样与相应的重塑土样的剪应力-剪切位移曲线。

试验结束后，分析含水率对红土抗剪强度及强度参数影响及其规律。比较运用直剪试验的结果分析原状红土与重塑红土的强度随垂直压力及含水率作用下的变化规律，并分析变化原因。

2.4.2　含水率对红土力学参数的影响

2.4.2.1　红土剪切过程曲线

1. 原状红土剪切过程曲线

分别给出相同含水率，不同垂直压力下原状红土剪应力应变曲线，如图 2-34 所示。

2. 重塑红土剪切过程曲线

分别给出相同含水率，不同垂直压力下重塑红土剪切力应变曲线，如图 2-35 所示。

2.4.2.2　含水率对红土力学参数的影响

利用摩尔-库仑定律整理试验资料，可得到红土强度参数见表 2-7，红土强度参数随含水率变化规律如图 2-36 所示。

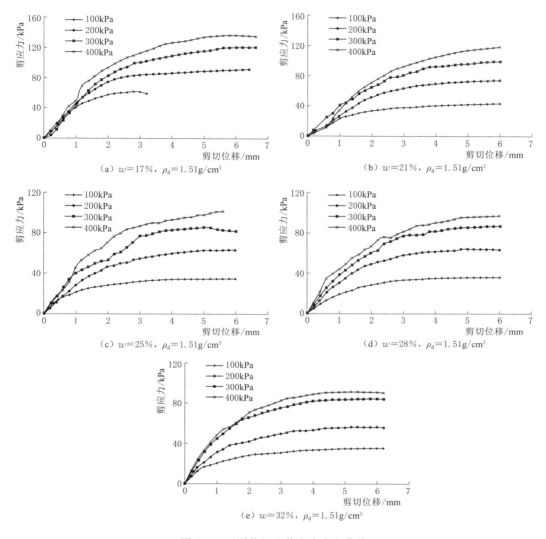

图 2-34　原状红土剪应力应变曲线

表 2-7　　　　　　　　　　红 土 强 度 参 数 表

含水率/%	原状红土强度参数		重塑红土强度参数	
	黏聚力/kPa	内摩擦角/(°)	黏聚力/kPa	内摩擦角/(°)
17	35.7	35.6	30.6	25.4
21	30.2	31.3	24.3	20.6
25	25.3	25.4	18.7	18.8
28	20.6	24.6	15.3	16.5
32	15.7	23.9	13.2	14.3

　　从图 2-36 可以看出，红土的黏聚力和内摩擦角均随着含水率的增加而减小。随着含水率的增加，黏聚力和内摩擦角的减小幅度也逐渐降低。

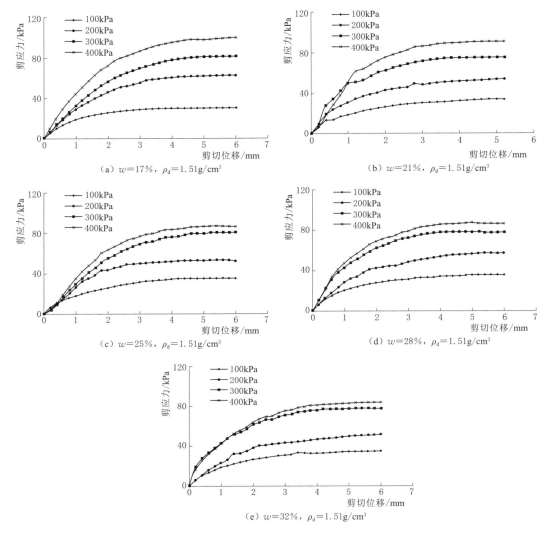

（a）$w=17\%$，$\rho_d=1.51g/cm^3$

（b）$w=21\%$，$\rho_d=1.51g/cm^3$

（c）$w=25\%$，$\rho_d=1.51g/cm^3$

（d）$w=28\%$，$\rho_d=1.51g/cm^3$

（e）$w=32\%$，$\rho_d=1.51g/cm^3$

图 2-35　重塑红土剪应力应变曲线

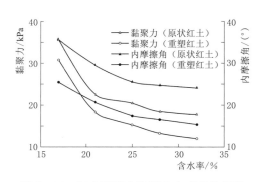

图 2-36　红土强度参数随含水率变化规律

2.4.3　含水率对红土结构强度的影响

在受到力的作用时，土体的原生结构可以抵抗一部分力的作用。红土的剪切结构强度表示的就是红土在受到剪应力破坏时，其原生结构对剪应力的抵抗作用。红土的原生结构性越强，对这种抵抗能力就越大，即结构强度越大。

本书根据相关学者的研究成果，在同一剪应变下，用原状红土的剪应力减去重塑红土的剪应力，得到的即为在直接剪切条件下红土的原状－重塑应力差。

原状－重塑应力差为

$$\tau_q = \tau_1 - \tau_2 \qquad\qquad (2-8)$$

式中　τ_q——原状－重塑应力差；

　　τ_1，τ_2——一定剪切应力下原状、重塑红土的剪应力。

2.4.3.1　原状－重塑红土剪切应力差

分别给出相同垂直压力、不同含水率下原状－重塑红土剪切应力差（图2-37）和相同含水率，不同垂直压力下原状－重塑红土剪切应力差（图2-38）。

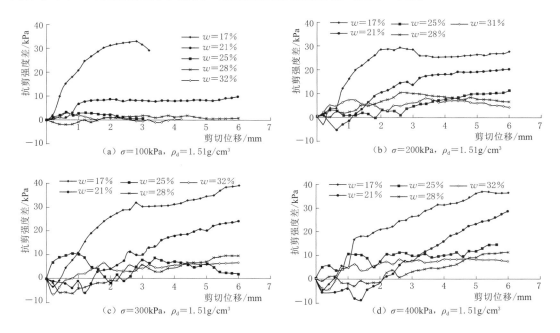

图2-37　不同含水率下原状－重塑红土剪切应力差

根据图2-37和图2-38可以发现：

（1）在剪切变形较小的阶段（2mm以内），原状与重塑红土抗剪强度差既存在正值也存在负值，说明在小变形阶段，原状红土与重塑红土的强度数值大小不具有绝对的可比性。产生这种现象的原因可能是：由于垂直压力的固结作用影响，原状土体在固结后，其颗粒排列、胶结情况等结构性存在一定程度的破坏；在开始剪切的小变形阶段，土体内部颗粒状态开始调整，随着剪切的开展，原状红土的强度均大于重塑红土，说明土体内部颗粒在经过调整后，原状红土的结构性强度开始发挥作用。原状－重塑红土剪切应力差随着变形的发展逐渐变大或稳定，也说明这种土体内部颗粒的调整整体是有序的。

（2）通过图2-37可以发现，同一垂直压力下，当剪切应变相同时，红土在低含水状态（17%、21%）的抗剪强度差均大于高含水状态，表明在含水率较低的情况下，原状土样颗粒之间的胶结作用明显强于重塑土样。随着土样含水率的提高，抗剪强度差均出现不同程度减少，随着剪切作用的发展，其大小关系也产生交替现象，说明水对土体颗粒之间

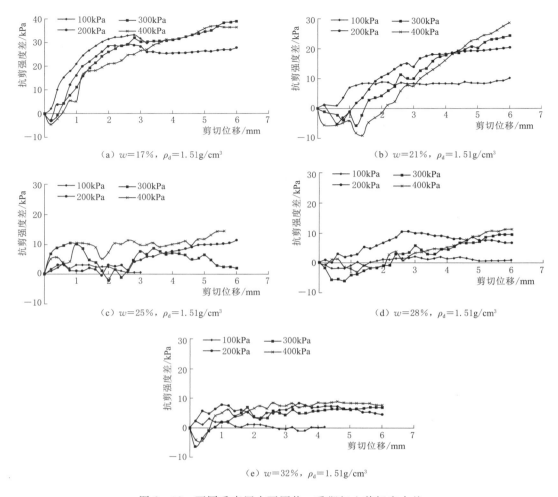

图 2-38 不同垂直压力下原状－重塑红土剪切应力差

胶结作用产生较大影响，此时土体的抗剪强度主要产生于土颗粒之间的排列与咬合作用，由于土体的排列与咬合存在较大随机性，对土体抗剪强度产生了影响，因此原状－重塑抗剪强度应力差产生了较混乱的表现形式。

（3）通过图 2-38 可以发现，直接剪切条件下，在低含水状态（17%、21%）的原状重塑红土剪切应力差随着剪切的发展而逐渐提高；随着含水率的提高，在较低的剪切应力下红土的原状－重塑红土剪切应力差即达到最大值，随后不再提高。这是由于水的作用使得高含水状态土体的结构性从固结和剪切开始的阶段就已被完全发挥，随着剪切作用的发展，不再提高。

2.4.3.2 红土的结构强度

图 2-37 和图 2-38 可以表明，原状－重塑红土剪切应力差表现为两种形式：一是应力差随着剪应变的发展而逐渐提高并稳定至峰值，直至土样破坏；二是应力差随着剪切应变的增加而缓慢升高一直到土体破坏。存在峰值时，表明红土的结构性充分发挥，之后应

力差随应变量的增加基本不再变化；当原状－重塑红土剪切应力差仍随着剪切的发展增加时，说明红土的结构性强度仍在不断发挥作用。本书取原状－重塑红土剪切应力差的最大值为红土的结构强度。

不同含水率和垂直压力下红土结构强度见表 2-8，如图 2-39 所示。

表 2-8　　　　　　　　　不同含水率和垂直压力下红土结构强度

含水率/%	结构强度/kPa			
	$\sigma=100kPa$	$\sigma=200kPa$	$\sigma=300kPa$	$\sigma=400kPa$
17	32.6	27.6	38.4	36.3
21	9.9	19.7	23.4	28.5
25	2.8	10.4	14.4	14.3
28	1.8	10.3	11.5	11.2
32	2.8	7.1	8.6	8.5

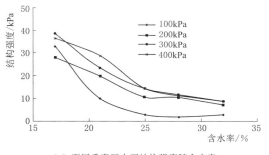
（a）不同垂直压力下结构强度随含水率
变化规律（$\rho_d=1.51g/cm^3$）

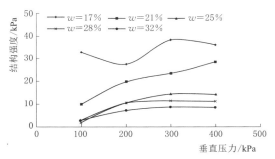
（b）不同含水率下结构强度随垂直压力
变化规律（$\rho_d=1.51g/cm^3$）

图 2-39　红土的结构强度

可以看出：不论其垂直压力如何变化，红土的结构强度总是随着含水率的增加而逐渐降低，随后趋于稳定。在垂直压力较低的情况下，其结构强度也较低。随着垂直压力升高，结构强度一般也逐渐趋于稳定，在高含水状态下表现尤为明显。

通过以上研究表明：红土的结构强度与土体含水状态和固结状态密切相关，结构强度随着含水率的增加和固结作用的减少而降低；随着含水率的减少和固结作用的增加而升高。

实际工程应用中，当土体天然含水率较低，且承受的自然固结压力较大时，应充分考虑红土结构强度的作用，利用重塑红土的强度代替原状红土的强度会产生较大误差。但当土体天然含水率较高，且承受的自然固结压力较小时，土体结构强度较低，可以利用重塑红土的强度代替原状红土的强度。

2.5　本　章　小　结

本节对江西省典型红土进行了自然干湿循环条件下红土的收缩膨胀特性研究，通过干湿循环试验，研究了红土的裂隙发展规律及其对力学性质影响；通过研究原状—重塑红土剪切应力差，初步探讨了红土的结构性和结构强度。主要研究结论如下：

（1）研发了自然干湿循环条件下土样连续胀缩试验装置及方法，首次提出了红土填筑工程后期检测的压实度变化规律，揭示了压实度变化的内在机理。系统研究了反复击实条件下最大干密度的变化规律，提出了后期压实度检测的料场验证方法，有效解决了土方工程验收检测中存在的料场验证难题，实现了填筑质量的准确评定。深入分析了后期检测压实度变化的主要影响因素，提出了减少偏差的压实度检测方法。

（2）干湿循环效应会增加土的裂隙发育，至第 5～6 次时，裂隙度增加速率虽放缓但仍在进行；至第 15～20 次之后，裂隙度基本不再增长。在前 5～6 次干湿循环过程中，黏聚力和内摩擦角都随着干湿循环的增加而降低；干湿循环进行到 10 次后，土体强度参数基本不再变化。土体的强度参数与裂隙度关系密切。随着裂隙的增加发展，土体黏聚力、内摩擦角均有所降低，当干湿循环效应不足以引起裂隙度增加或仅能引起其缓慢增长时，土体强度参数也基本保持不变。

（3）在小变形阶段，原状红土与重塑红土的强度大小不具有绝对的可比性。但原状—重塑红土剪切应力差随着变形的发展逐渐变大或稳定。水对土体颗粒之间胶结作用产生较大影响，表现为同一垂直压力下，当剪切应变相同时，红土在低含水状态（17％、21％）的抗剪强度差均大于高含水状态。且由于水的作用，使得高含水状态土体的结构性从固结和剪切开始的阶段就已被完全发挥，随着剪切作用的发展，不再提高。红土的结构强度与土体含水状态和固结状态密切相关，结构强度随着含水率的增加和固结作用的减少而降低；随着含水率的减少和固结作用的增加而升高。

参 考 文 献

［1］　曾秋鸢. 论广西红粘土的胀缩性能［J］. 南方国土资源，2000，13（3）：75－77.
［2］　杨庆，贺洁，栾茂田. 非饱和红粘土和膨胀土抗剪强度的比较研究［J］. 岩土力学，2003，24（1）：13－16.
［3］　赵颖文，孔令伟，郭爱国，等. 广西原状红粘土力学性状与水敏性特征［J］. 岩土力学，2003，24（4）：568－572.
［4］　方薇，杨果林，余敦猛. 武广客运专线红黏土变形特性的研究［J］. 铁道工程学报，2008，25（9）：13－20.
［5］　姚海林，程平，杨洋，等. 标准吸湿含水率对膨胀土进行分类的理论与实践［J］. 中国科学：技术科学，2005，35（1）：43－52.
［6］　黄质宏，朱立军，廖义玲，等. 不同应力路径下红粘土的力学特性［J］. 岩石力学与工程学报，2004，23（15）：2599－2603.
［7］　王莹莹，张文慧，朱德志. 初始含水率对红黏土胀缩变形特性的影响试验研究［J］. 科学技术与工程，2014，14（6）：242－246.
［8］　张永婷，王保田，朱宝平. 击实红黏土与膨胀土的变形特性对比研究［J］. 科学技术与工程，2013，13（6）：1676－1680，1712.
［9］　谈云志. 压实红粘土的工程特征与湿热耦合效应研究［D］. 武汉：中国科学院武汉岩土力学研究所，2009.

[10] 韦时宏，廖义玲，秦刚，等. 黔中地区红粘土的超固结性及低密实度和变形特征 [J]. 贵州工业大学学报（自然科学版），2006，35（4）：9-12.

[11] 李景阳. 贵州残积红粘土的力学强度特征 [J]. 贵州工业大学学报（自然科学版），1997（2）：73-79.

[12] 黄晓波，周立新，杨志夏. 强夯处理红粘土沉降试验研究 [J]. 工程地质学报，2006，14（2）：223-228.

[13] Vall，雷谦荣. 硬粘土在加压条件下的裂隙参数 [J]. 水文地质工程地质译丛，1991（5）：28-32.

[14] 刘恒. 贵州六盘水红粘土的工程特性 [J]. 地球与环境，2006，34（2）：67-70.

[15] 林世文，蔡秋景，林珺. 大连地区红粘土特征研究 [J]. 岩土工程技术，2005，19（3）：123-126.

[16] 韦复才. 桂林红粘土的物质组成及其工程地质性质特征 [J]. 江西师范大学学报（自然版），2005，29（5）：460-464.

[17] 韦复才. 桂林红色粘土砾石层的野外渗水试验 [J]. 桂林理工大学学报，2006，26（3）：366-369.

[18] 刘龙武，杨和平，康石磊，等. 红粘土填料的路用性质研究 [J]. 公路，2002，（6）：125-128.

[19] 魏星，王刚. 干湿循环作用下击实膨胀土胀缩变形模拟 [J]. 岩土工程学报，2014，36（8）：1423-1431.

[20] 李舰，赵成刚，ASREAZAD S. 适用于吸力循环作用的膨胀性非饱和土本构模型 [J]. 岩土工程学报，2014，36（1）：132-139.

[21] 刘宏泰，张爱军，段涛，等. 干湿循环对重塑黄土强度和渗透性的影响 [J]. 水利水运工程学报，2010（4）：38-42.

[22] 李文杰，张展羽，王策，等. 干湿循环过程中壤质黏土干缩裂缝的开闭规律 [J]. 农业工程学报，2015（8）：126-132.

[23] 邹飞，夏怡. 红黏土平面裂纹扩展的分形特征 [J]. 人民长江，2011，42（15）：58-62.

[24] 陈爱军，张家生. 基于线弹性力学的非饱和红黏土裂缝开展分析 [J]. 自然灾害学报，2013，22（3）：198-204.

[25] 黄质宏，朱立军，廖义玲，等. 裂隙发育红黏土力学特征研究 [J]. 工程勘察，2004（4）：9-12，38.

[26] 刘馥铭，邵曼. 红黏土裂隙发育及与低应力抗剪强度的关系研究 [J]. 湖南交通科技，2015，41（1）：17-20.

[27] 吴胜军，刘龙武，王桂尧. 红黏土路基裂缝开展规律室内试验研究 [J]. 中外公路，2011，31（1）：22-25.

[28] 王培清，付强. 降雨入渗对裂隙性红黏土边坡的稳定性影响分析 [J]. 公路工程，2013，38（5）：165-170，192.

[29] 杨澍. 基于偏最小二乘法的红黏土裂隙参数关系分析 [J]. 交通科学与工程，2014，30（4）：33-37.

[30] 褚卫军. 干湿循环作用下红黏土胀缩变形特性及裂缝扩展规律研究 [D]. 贵阳：贵州大学，2015.

[31] 赵雄飞，陈开圣. 干湿循环条件下红黏土的胀缩变形特性研究 [J]. 贵州大学学报（自然科学版），2016，33（1）：132-135.

[32] 龚琰. 干湿循环作用下红黏土的变形和强度特性研究 [D]. 湘潭：湖南科技大学，2015.

[33] 陈开圣. 干湿循环作用下红黏土抗剪强度特性研究 [J]. 公路，2016，61（2）：45-49.

[34] 王亮. 干湿循环作用下红黏土强度衰减特性及裂缝扩展规律研究 [D]. 贵阳：贵州大学，2015.

[35] 高国瑞. 黄土湿陷变形的结构理论 [J]. 岩土工程学报，1990（4）：1-10.

[36] 高国瑞. 黄土显微结构分类与湿陷性 [J]. 中国科学，1980，23（12）：1203-1208.

[37] 刘松玉，方磊. 试论粘性土粒度分布的分形结构 [J]. 工程勘察，1992（2）：1-4.

[38] 田堪良，张慧莉. 论天然沉积砂卵石粒度分布的分形结构. 西北水资源与水工程，（4）：26-31.

[39] 田堪良，张慧莉，张伯平，等. 天然沉积砂卵石粒度分布的分形结构研究 [J]. 西北农林科技大学学报（自然科学版），2002，30（5）：85-89.

[40] Yong R N，Nagaraj T S. 1977. Investigation of fabric and compressibility of Louisviue clay [C]. Canadian Geoteehnical Conference：23 – 25.

[41] 陈正汉，卢再华，蒲毅彬. 非饱和土三轴仪的 CT 机配套及其应用 [J]. 岩土工程学报，2001，23 （4）：387 – 392.

[42] 雷祥义. 黄土显微结构类型与物理力学性质指标之间的关系 [J]. 地质学报，1989，63 （2）：182 – 191.

[43] 王永炎，滕志宏. 中国黄土的微结构及其在地质时代与区域上的变化—扫描电子显微镜下的研究 [J]. 科学通报，1982 （2）：102 – 105.

[44] 廖胜修. 黄土的显微结构与湿陷性 [C] //中国土木工程学会第六届土力学及基础工程学术会议论文集. 上海：同济大学出版社，1991：131 – 134.

[45] 吴侃，郑颖人. 黄土结构性研究 [C] //中国土木工程学会第六届土力学及基础工程学术会议论文集. 上海：同济大学出版社，1991：93 – 97.

[46] 刘海松，倪万魁，颜斌，等. 黄土结构强度与湿陷性的关系初探 [J]. 岩土力学，2008，29 （3）：722 – 726.

[47] 张伯平，袁海智，王力. 含水量对黄土结构强度影响的定量分析 [J]. 西北农业大学学报，1994，22 （1）：54 – 60.

[48] 张炜，张苏民. 非饱和黄土的结构强度特性 [J]. 水文地质工程地质，1990，14 （4）：22 – 25，49.

[49] 张炜，张苏民. 我国黄土工程性质研究的发展 [J]. 岩土工程学报，1995，17 （6）：80 – 88.

[50] 党进谦. 非饱和黄土的结构强度及其作用 [J]. 西北农业大学学报，1998，26 （5）：48 – 51.

[51] 党进谦，郝月清. 含水量对黄土结构强度的影响 [J]. 西北水资源与水工程，1998，9 （2）：15 – 19.

[52] 党进谦，李靖. 非饱和黄土的结构强度与抗剪强度 [J]. 水利学报，2001 （7）：79 – 83，90.

[53] 党进谦，李靖. 含水量对非饱和黄土强度的影响 [J]. 西北农业大学学报，1996，24 （1）：56 – 60.

[54] 南京水利科学研究院. 中华人民共和国行业标准：土工试验规程. SL 237—1999 [S]. 北京：中国水利水电出版社，1999.

[55] 陈伟，莫海鸿，陈乐求. 非饱和土边坡降雨入渗过程及最大入渗深度研究 [J]. 矿冶工程，2009，29 （6）：13 – 16，21.

[56] Ng C W W，Zhan L T，Bao C G，et al. Performance of an unsaturated expansive soil slope subjected to artificial rainfall infiltration [J]. Geotechnique，2003，53 （2）：143 – 157.

[57] 詹良通，吴宏伟，包承纲，等. 降雨入渗条件下非饱和膨胀土边坡原位监测 [J]. 岩土力学，2003，24 （2）：151 – 158.

[58] 李焕强，孙红月，孙新民，等. 降雨入渗对边坡性状影响的模型实验研究 [J]. 岩土工程学报，2009，31 （4）：589 – 594.

[59] 李萍，李同录，付昱凯，等. 非饱和黄土中降雨入渗规律的现场监测研究 [J]. 中南大学学报（自然科学版），2014，45 （10）：3551 – 3560.

[60] GENS A，ALONSO E E. A framework for the behaviour of unsaturated expansive clays [J]. Canadian Geotechnical Journal，1992，29 （6）：1013 – 1032.

[61] Sivakumar V，Tan W C，Murray E J，et al. Wetting，drying and compression characteristics of compacted clay [J]. Géotechnique，2006，56 （1）：57 – 62.

[62] Monroy R，Zdravkovic L，Ridley A. Evolution of microstructure in compacted London Clay during wetting and loading [J]. Géotechnique，2010，60 （2）：105 – 119.

[63] 万勇，薛强，吴彦，等. 干湿循环作用下压实黏土力学特性与微观机制研究 [J]. 岩土力学，

2015，36（10）：2815-2824.

［64］ 黄丁俊. 膨胀土和红粘土的水力和力学特性研究［D］. 上海：上海大学，2015.

［65］ 许豪，肖宏彬，林明明. 南宁膨胀土和株洲红粘土对比试验研究［J］. 公路工程，2015，40（1）：14-17，38.

［66］ 袁玩，高岱. 红粘土的岩土工程性能［J］. 土木工程学报，1983（3）：72-79.

第3章 考虑水质条件的红土型坝安全评价方法

3.1 国内外研究现状

在国民环保意识逐渐提高的背景下，岩土行业工作者也愈加关注与环境科学相关联的岩土工程问题。随着经济的发展，在采矿、化工、农业等领域均不免会产生一定的水污染现象。这些受污染水体对土体、地基基础以及相关岩土工程会造成怎样的影响，引起了环境及岩土工程科研工作者的关注。

关于腐蚀性或污染水体对土体和相关地基、建筑的影响已经早有报道。李淑琴[1]、常春平等[2]调查了河北省环境污染水对水工建筑物的影响，发现受调查的40%的水工建筑物被污染水体侵蚀损坏。福建省某造纸厂车间建筑物曾出现不均匀沉降，检查发现地下废液管道断裂，碱性废液逸出渗入地基土中，造成了周围土体呈黑灰色，土体变软[3]。太原某造纸厂曾因废碱液的下渗，导致地基土体受腐蚀发生膨胀现象，引起了地基开裂和上部基础的损坏[4]。云南大姚县龙林水库2001年用水泥帷幕灌浆对大坝进行加固，2003年该地区出现地震险情，大坝出现渗透破坏，调查认为由于水泥碱性侵蚀导致的红土颗粒流失是造成渗透破坏的诱因之一（主要原因是地震导致的帷幕断裂）[5]。某化工厂硫酸库建成使用后因酸罐地基长期受酸性物质的侵蚀，地基基础发生变形并不断加剧，造成输酸管道漏酸，并影响到正常生产[6]。上海某洗涤剂厂的车间在使用10年后发现其墙体出现开裂现象，检查后发现该车间的有机溶剂不慎下渗并溶蚀防腐层，造成地基土破坏[7]。

通过这些实例可以发现，污水会影响土体的工作性能并不是危言耸听。研究污水条件下的土体工程性质对分析工程病害发展，保障工程安全方面具有实际意义。受污染水体既包括强腐蚀性的强酸、强碱污染，也包括由于养殖等生产活动引起的水库水体污染，前者水体腐蚀性较强，效果明显且易被发现，后者发展过程则比较缓慢和隐蔽。

目前由于工农业生产带来的水库水体恶化及水体富营养化问题已经屡见不鲜。水库水体富营养化原因是以氮、磷为代表的营养物质含量过高，导致水库水体质量恶化。为保护水库水质，全国水利及环保工作者做了大量工作，以江西省为例，江西省于2016年实施了《江西省水资源条例》，其中第27条明确规定：在水库的管理和保护范围内，禁止开办畜禽养殖场和使用无机肥、有机肥、生物复合肥进行水产养殖等污染水体的活动。早在2014年，江西省水利厅出台《关于规范水库养殖行为加强水库水质保护的指导意见》明确指出：对非饮用水水源区内的小（2）型及以上水库，禁止使用无机肥、有机肥、生物复合肥等进行养殖；畜禽养殖废弃物不得随意堆放和排放，未经无害化处理，不得直接向水体等环境排放。

但在2014年之前，水库养鱼、库岸养殖现象十分普遍，而大量的农药、化肥，甚至工业污水也直接排进水库，造成了数十年的水体污染；同时在今天，水库养殖也并非完全消失，在利益的驱使下，仍有一些造成水体污染的非法养殖现象见诸报端。同时，对于库容在 1 万～10 万 m³ 的小山塘等，以水库为依托的养殖则未受控制，造成了富营养化等水体污染。水库水体污染多表现为水体发臭、富营养化等，富营养化有一个主要的特征是水体的 pH 值增大，水体呈碱性。

针对水库富营养化、大坝病害等，现已有大量的研究成果，和本书相关的主要包括以下几个方面：水库水体污染的特征；红土的化学组成；化学侵蚀条件下的红土工程性质；土坝病害评价预测研究等。

3.1.1　水库水体污染和富营养化

水库水体污染根据污染源产生的方式可以分为两类：一类是由外部带来的，主要有工业污水废渣排放、农业面源污染随河流进入水库等；另一类是由于水产养殖带来的水质恶化，这种恶化一般表现为水质富营养化。事实上，两类污染方式并不是独立存在，一定的化工废液、农药、化肥等污染物进入水库既可能是富营养化产生的原因，也可能加剧富营养化。

水库水体富营养化原因是以氮、磷为代表的营养物质含量过高，导致水库水体质量恶化。在富营养化水体中，随着富营养化的发展，水的 pH 值呈显著增高的趋势。例如密云水库水体 2000 年、2001 年 pH 值在 7.5～8.5 之间[8]；云南渔洞水库由于富营养化，2001—2012 年其 pH 值常大于 8，甚至高达 10.1[9]；天津于桥水库 2000—2005 年 pH 值常年在 7.5～9.5[10]；北京官厅水库 2011 年 9 月 pH 值在 8.6～9.0[11]；且干旱季节水库水质 pH 值逐渐增高[12]。

刘霞认为由于藻类光合作用消耗水中的 CO_2，致使水中氢离子减少。

王志红等[13] 认为水库水体 pH 值和微生物有密切关联，并建立了 pH 值和藻类数量的数学模型，模型显示随着藻类数量的增多，pH 值是增高的。但同时指出水体并不是单纯受藻类控制的，只有藻类的数量达到一定数量级时，才可能成为导致 pH 值变化的主要影响因素。

钟成华等[14] 在其研究中则指出，死亡的藻类残体分解释放使水体维持较高的总氮（TN）、总磷（TP），才是水体 pH 值上升的原因。

何玛峰[15] 则推测由于富营养化的藻类及水草等水生植物从水中吸收 CO_2 不足时，会变相地从底泥中的 $CaCO_3$ 中吸取 CO_2，促使水库水质碱性化。

以上研究表明在富营养化水体中，pH 值升高的原因研究虽存在分歧，但水体呈碱性这一观点和现象确是比较明确。

3.1.2　酸碱侵蚀下土的工程性质

关于化学作用对土的工程性质影响，现阶段主要是对污染土体进行研究。该研究也是环境岩土工程的一个新的分支，涉及环境、化学、岩土、水利等诸多学科。这项研究其起源在欧洲等发达国家（地区），因为这些国家的工业化、农业化进展较快，形成了一系列工农业废液对土体的工程性质产生影响的案例，但国外的研究更侧重于污染物的迁移和有机物侵蚀方面[16,17]。针对酸碱液侵蚀对土体的物理力学性质影响,中外学者进行了一系列的研究,涌现了一批科研成果。

Castellini 等[18] 研究了磷酸钠对由蒙脱石和伊利石构成的黏土的影响,并对相关的化学机理进行了解释。

Jin 等[19] 对硫酸亚铁侵蚀后的红土强度特性进行了研究,结果表明,在适当掺加硫酸亚铁后,红土的强度增加,压缩系数降低;但继续增加硫酸亚铁后,红土的强度降低,压缩系数增加。

顾季威[3] 考察了福建一个造纸厂的黏土、亚黏土地基土(以现在学术观点可命名为红土),对土样进行了侵蚀试验,观察了侵蚀前后的电子扫描照片,主要从化学原理解释了土体受污染后的化学成分变化。李琦等[4] 对造纸厂废碱液污染土进行了室内试验,研究表明经废碱液腐蚀后的土样,孔隙比增加,土样的黏聚力、内摩擦角等强度参数减小,压缩性增加。

程昌炳等[20] 根据化学原理,测定了红土中针铁矿与盐酸反应的反应级数、反应速度等,并对酸液作用下贵州红土的力学特性变化作出了时间预报。

汤连生等[21] 认为酸性水溶液使土体中含铁离子物质之间的胶结作用增强,从而红土强度得以提高,形成正方向的力学效应;碱性水溶液使土体中含铁离子物质之间的胶结作用减弱,红土强度降低。

Mulhare 等[22] 为了研究土的污染机理,进行了相应的现场试验。李相然等[23] 通过试验结果表明黏土及淤泥质土被侵蚀前后土的物理力学性质变化较明显,并通过实际场地试验验证了室内试验的结果。

张晓璐通过对酸碱污染土进行固结快剪后发现,酸碱侵蚀后黏聚力明显比原状土样要大;酸污染后土样的内摩擦角没有明显的变化;碱染土的内摩擦角减小。Huang 等[24] 研究了酸液侵蚀下的红土抗剪强度规律,表明红土的强度随着侵蚀的时间和浓度的增长而降低,利用电子扫描显微镜技术,对受侵蚀后的红土微观结构进行了研究,并解释了相关的机理。

朱春鹏等[25] 对酸碱污染土的压缩变形特性进行了试验研究,试验结果表明,随着酸碱污染浓度的提高,酸碱污染土的压缩系数增大,且在碱性污染下更明显。作者分析了土的颗粒组成、孔隙比、微结构特征对压缩特性的影响。王栋等[26] 测定了碱溶液浸泡后的粉土的物理力学性质,发现土样被碱溶液侵蚀后,密度、界限含水率、压缩系数均有增加,孔隙比降低。相兴华等[27] 通过研究也发现了类似规律,他们将这种原因归结为碱溶液能分解土体中的胶结盐类,并形成新的物质。

陈锐[28] 研究了红土在被酸碱侵蚀过程中的化学成分、胶结力、微观结构等方面的变化,认为土被侵蚀后压缩系数和透水性增大,抗剪强度、内摩擦角、黏聚力降低。

李晋豫[29] 将红土遭受氢氧化钙侵蚀之后的物理力学性质进行了试验,表明红土物理力学指标劣化的趋势明显,土样的渗透系数、压缩系数增大,而黏聚力、内摩擦角以及黏粒含量则减小。

杨华舒[30-32] 和王毅[33] 同样开展了酸碱浸泡侵蚀后的红土物理力学性质试验,并测定了土体和浸泡液的化学成分变化。研究结果表明:酸性溶液侵蚀可以提高土体的渗透系数、内摩擦角、压缩系数、液性指数以及粉粒含量，但凝聚力、比重、塑性指数以及黏粒含量将会降低；碱液会使土体的内摩擦角、黏聚力都减小。对化学成分的测定结果推定：酸液消耗了 Fe_2O_3 和 Al_2O_3，碱液影响了 SiO_2、TiO_2 和 Al_2O_3。

刘之葵和李永豪[34] 分析了不同 pH 值条件下干湿循环作用对红土抗剪强度影响，结果表明：干湿循环次数一定时，随着 pH 值的增大或减小，红土的黏聚力均会减小；溶液酸性或碱性增大时内摩擦角均会增大。

任礼强[6] 通过研究，将碱土相互作用分为前期水解作用、初期侵蚀作用、中期胶结作用、后期溶解作用四个过程，这四个过程结合土体原有的一些性状的综合作用改变了碱污染红土的物理力学特性。

赵雄[35] 通过试验结果表明红土在酸碱溶液中会发生不同程度的化学溶蚀反应，SEM 图片研究发现，随着溶蚀反应的进行孔隙排列趋于有序化。

周训华和廖义玲[36] 从胶体化学的角度阐明游离氧化铁在红土中的赋存状态，作者指出它们之间的相互作用机理是胶体化学的吸附作用，并且受介质酸碱浓度的影响。

杨小宝和黄英[37] 研究了污水中常见的磷污染对红土力学性质的影响，结论显示磷污染红土的黏聚力降低，内摩擦角减小，压缩性增大，渗透性降低。通过对微结构图像拍摄，证实了微结构弱化是造成工程性质变化的原因。

关于碱液对红土产生影响的机理和原因，现阶段研究可分为以下几种：

（1）从胶体化学的电荷吸引排斥理论进行解释。根据胶体化学相关理论[38] 可知：当某种物质所处的介质 pH 值大于它的等电 pH 值时，该物质表面将带负电荷，反之也成立。根据相关研究，红土中水介质的 pH 值约为 7，黏土矿物的等电 pH 值为 2～5.1，游离氧化铁的等电 pH 值为 7.1～8。所以黏土矿物表面带负电，游离氧化铁表面带正电。带有异性电荷的物质相遇，将促使它们产生相互吸引从而紧密连在一起。这样的相互吸引形成了红土中的胶结联结，这是一种牢固的水稳性的联结。但当处于碱性液体中时，特别是水中的介质 pH 值大于 8 时，均大于黏土矿物和游离氧化铁的等电 pH 值，因此黏土矿物表面和游离氧化铁同时带有负电荷，从而产生相互排斥作用。

（2）认为红土中的 SiO_2 和 Al_2O_3 和碱液反应产生成分变异是造成土体物理力学性质变化的原因。杨华舒认为铁离子一般情况下并不与碱发生反应，故而将认为碱液 $[Ca(OH)_2]$ 对红土的作用可以用以下化学式表示

$$SiO_2 + Ca(OH)_2 = CaSiO_3 + H_2O$$
$$Al_2O_3 + Ca(OH)_2 = Ca(AlO_2)_2 + H_2O$$
$$TiO_2 + Ca(OH)_2 = CaTiO_3 + H_2O$$

根据以上化学式，可以认为 $Ca(OH)_2$ 对红土土体进行缓慢侵蚀，使土颗粒中的有效化学成分 SiO_2、Al_2O_3 和 TiO_2 产生变异，转变成可溶或微溶于水的物质，直接减少了红土中的胶结物质和摩阻物质，导致了红土物理力学性质变化。

任礼强等[39] 同样对 NaOH 溶液对红土劣化的机理进行了分析，在化学表达上和上述表达基本一致，但认为 $NaAlO_2$ 和水反应将产生 $Al(OH)_3$ 沉淀，造成土体密实，引起强度短暂增加，后又产生侵蚀而降低。

（3）认为红土中的游离氧化铁的离子交换减弱了颗粒间的胶结作用，导致了土体工程

性质变化。

汤连生、陈锐认为富营养化的水体存在 Na、K 等离子，并且水体呈碱性。红土胶结物中的 Fe_2O_3 在碱性库水中发生水解反应，最终生成 Fe^{2+}、Fe^{3+}，而 Fe^{2+}、Fe^{3+} 容易被低价离子 Na^+、K^+ 等交换，降低了含铁物质的正电价，减弱了土颗粒间的胶结作用。

以上研究表明：水库病险的成因机理和劣化发展演变规律目前已成为各级政府与水行政主管部门急需解决的问题之一。一些水库水质已经被污染，土体已经被污水渗流侵蚀。目前，对水质变化条件下的红土型坝老化病害出现机理及演变规律研究尚不深入。表现在：

（1）目前关于水库水体污染的研究，仍集中于生态环境方面，研究内容主要是水体污染的原因、特征、污染物运移、预报、水体修复、污染物控制等方面。针对可能危害工程运行安全的污染物研究，目前较少有人开展或仍不深入。目前研究成果已经表明，富营养化的水体呈碱性，碱液对红土的工程性质存在影响这一结论也基本明确，但在碱液影响下的红土强度变形规律研究仍不深入。

（2）在化学溶液侵蚀对红土的物理、力学性质影响方面，由于土验手段限制，土样处理多采用浸泡法或掺入法。所谓浸泡法，就是将土体浸入化学溶液中，通过改变浸泡时间、溶液浓度、土体原始状态等，研究浸泡前后土体的物理、力学性质的变化；所谓掺入法，是指在制作重塑土样时，用不同浓度化学溶液代替纯净水制样，并改变养护浓度，研究化学溶液掺入前后的土体物理、力学性质的变化。不同的试验方法，所得到的结论是有差异的[40]。对于坝体而言，土体内部的水是流动状态，其长期经受渗流侵蚀作用，因此这两种方法仅能反映一部分工程的情况。浸入法所得到的相关结论对水利工程虽有参考作用，但不能反映工程实际状况，因此需要找出一种能反应工程实际的土样处理方法，从而保证研究结论的可靠性。

（3）大坝在水污染条件下的老化机理及演化发展规律。前文已经阐述了污水会导致水利工程受损、受污染土体会导致土体物理力学性质劣化，但这种"受损""劣化"会如何在红土型坝上体现，现在仍无相关研究结论。事实上，红土型坝在长达数年或数十年被富营养化水体渗流侵蚀的过程中，其坝体渗流特性、结构稳定等特征必然是发生变化的。目前针对大坝的老化病害研究、安全性及风险分析，主要是建立在对现有检测、监测等资料分析的基础上，安全性预测多为短期（一个月左右），相关大坝的病害长期发展规律研究成果较少。

3.2　江西省红土基本特性及水库水体污染特征

对江西省 19 处红土进行了取样，分别检测其颗粒组成、界限含水率、比重、化学组成。对 5 座水质较差的水库水样进行了污染物及 pH 值测试。

3.2.1　江西省红土基本特征

3.2.1.1　红土的物理性质

对江西省 19 处红土进行了物理性质测试，根据从南至北的顺序汇总，见表 3-1。

表 3-1   江西省红土物理性质汇总表

分布地区	纬度	物理性质						
		0.25～0.075mm/%	0.075～0.005mm/%	<0.005mm/%	比重	液限/%	塑限/%	塑性指数
寻乌县城	24.97	5.6	45.1	49.3	2.75	48.8	26.0	22.8
安远县城	25.11	9.6	54.0	36.4	2.67	49.0	25.1	24.0
会昌县城附近	25.61	10.4	55.3	34.3	2.70	45.8	24.1	21.8
宁都县城防堤	26.48	6.0	61.8	32.2	2.72	47.4	25.2	22.2
南城麻园水库周边	27.48	3.1	50.1	46.8	2.72	45.6	24.1	21.5
峡江石洞水库	27.57	6.3	49.5	44.2	2.74	46.3	25.1	21.2
峡江水库库区堤防	27.40	5.2	56.2	38.6	2.68	43.5	22.0	21.5
湘东区某小（2）型水库	27.61	1.3	55.9	42.8	2.73	45.6	21.3	24.3
袁州区天台镇	27.89	4.4	65.4	30.2	2.67	43.2	20.4	22.8
丰城高铁站旁	27.06	10.9	58.7	30.4	2.68	47.3	25.4	21.9
樟树赣西堤周边	28.07	1.7	59.0	39.3	2.72	43.7	25.4	18.3
上高矿山水库旁	28.12	7.1	65.5	27.4	2.70	47.0	21.3	25.7
余江洪湖水库周边	28.20	7.5	58.7	33.8	2.72	42.7	21.0	21.7
东乡中学新校址旁	28.27	7.8	54.5	37.7	2.74	45.6	23.7	21.9
高安筠安堤周边	28.44	6.5	60.6	32.9	2.71	42.1	24.1	18.1
修水县	28.99	9.3	59.4	31.3	2.69	44.1	24.2	19.9
鄱阳县	28.99	6.1	48.6	45.3	2.77	42.5	23.6	18.8
共青城市浆潭联圩	29.23	5.0	58.0	37.0	2.65	41.3	24.8	16.5
德安县樟树水库周边	29.31	10.9	49.0	40.1	2.75	44.8	22.2	22.6

注：进行颗粒分析时，仅对 0.25mm 以下颗粒进行试验。

通过表 3-1 可以发现：红土的颗粒组成和比重随地域无明显变化；液限一般为 40%～50%，塑限多为 20%～25%，随着纬度升高，液限、塑限及塑性指数均有缓慢降低趋势。

由于液限、塑限及塑性指数这三项参数的数值大小一般不受外界影响，只决定自身的矿物成分、化学成分、颗粒成分等因素，因此推测产生物理性质的差异性是由矿物成分及化学组成不同造成的。

3.2.1.2 红土的化学成分组成

对江西省 19 处红土进行了化学成分测试，根据从南至北的顺序汇总，见表 3-2。

表 3-2   江西省红土化学成分汇总表

分布地区	纬度/(°)	化学成分含量/%							
		SiO_2	Al_2O_3	Fe_2O_3	CaO	MgO	K_2O	Na_2O	TiO_2
寻乌县城	24.97	56.3	20.1	12.6	0.8	1.6	—	0.4	3.6
安远县城	25.11	59.7	15.6	13.4	1.2	1.7	2.1	0.5	2.9

续表

分布地区	纬度/(°)	化学成分含量/%							
		SiO$_2$	Al$_2$O$_3$	Fe$_2$O$_3$	CaO	MgO	K$_2$O	Na$_2$O	TiO$_2$
会昌县城附近	25.61	57.8	21.5	10.0	2.0	1.4	—	0.4	3.4
宁都县城防堤	26.48	56.9	18.8	12.2	0.8	1.6	—	0.9	3.8
南城麻园水库周边	27.48	61.8	14.3	5.8	5.3	2.4	0.5	0.6	1.5
峡江石洞水库	27.57	60.1	18.6	9.6	3.3	1.1	0.3	0.7	0.9
峡江水库库区堤防	27.40	62.1	16.8	10.5	1.2	2.1	0.6	1.5	1.1
湘东区某小（2）型水库	27.61	63.4	15.7	10.2	2.6	1.2	1.6	1.5	0.3
袁州区天台镇	27.89	57.6	18.8	6.8	0.8	2.6	1.1	1.6	0.7
丰城高铁站旁	27.06	62.4	16.6	8.9	1.5	1.3	2.6	1.1	1.4
樟树赣西堤周边	28.07	59.8	19.5	7.7	0.8	2.1	0.9	0.9	1.7
上高矿山水库旁	28.12	59.8	16.7	9.4	0.4	1.8	1.3	1.1	0.5
余江洪湖水库周边	28.20	57.0	24.0	10.3	—	1.9	1.2	0.3	1.5
东乡中学新校址旁	28.27	59.3	23.3	6.8	3.8	—	0.8	—	1.9
高安筠安堤周边	28.44	53.6	21.1	6.6	5.2	2.8	0.9	—	—
修水县	28.99	62.3	17.5	7.4	1.4	0.4	1.0	1.0	1.7
鄱阳县	28.99	62.1	16.0	7.6	1.9	0.8	1.5	0.7	0.6
共青城市浆潭联圩	29.23	63.6	19.8	6.8	1.3	0.9	1.8	0.4	1.9
德安县樟树水库周边	29.31	59.6	15.6	5.3	4.6	0.9	0.8	1.5	0.6

红土的化学成分组成与其矿物成分有关，并取决于母岩的类型。研究表明，玄武岩红土的 Fe$_2$O$_3$、Al$_2$O$_3$ 含量比碳酸盐岩、花岗岩等红土的含量高，而碳酸盐岩、花岗岩等红土的 SiO$_2$ 含量比玄武岩红土高。江西省多数山地由古老的变质岩系和花岗岩组成，除南部地区外，红土中 Fe$_2$O$_3$ 含量一般不超过 10%，Al$_2$O$_3$ 含量一般为 15%～20%。

江西省红土中 Al$_2$O$_3$ 含量随地域分布情况如图 3-1 所示，可以看出各地区红土的 Al$_2$O$_3$ 含量随地域分布无明显规律性。

江西省红土中 Fe$_2$O$_3$ 含量随地域分布情况如图 3-2 所示，可以看出赣南和赣北地区的红土组成中 Fe$_2$O$_3$ 含量赣南高于赣北。说明"脱硅富铁铝"程度从南部向北部逐渐减弱，产生这种现象的原因可能有两种：一是由于江西南部红土的母岩多为碳酸盐、花岗岩类；二是由于南部地区的湿热程度高于北部地区。

江西省红土的物理性质、化学成分组成存在差异性，很难对各类型红土都进行研究，本书选择物理性质参数和化学成分数值均处于中等的余江洪湖水库周边红土作为重点研

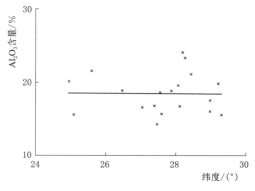

图 3-1 Al$_2$O$_3$ 含量随地域分布情况

究对象。试验时的干密度采用 1.55g/cm³（即轻型击实所取得的最大干密度的 96%）控制。

3.2.2　江西省水库水体污染特征

在 2014 年之前，水库养鱼、库岸养殖现象十分普遍，而大量的农药、化肥，甚至工业污水也直接排进水库，造成了数十年的水体污染，一些造成水体污染的非法养殖现象也造成不良影响。

吉安市安福县瓜畲乡磨下水库被附近的一个大型养猪场排出的污水严重污染，水库

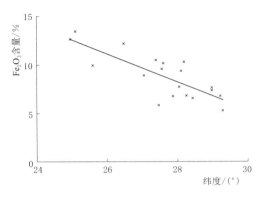

图 3-2　Fe₂O₃ 含量随地域分布情况

附近农户养的许多家禽因此大面积死亡，连井水都带有臭味，不敢饮用。高安市相城镇矿山水库承包养殖以来一直在进行下肥养殖，主要以施放氨氮、猪粪、生物复合肥、养鱼杀虫剂等毒害物质，致使水体发臭，周围百姓避之不及。莲花县良坊镇一养殖场造成水库污染，环保部门对水库的水进行了抽样化验，结果显示 TP 和铅都已超标。高安市上游水库水面被一种散发出腐臭的污染物所遮蔽，既有动物尸体溃烂变质的腐臭，又带着些奇怪气体的呛味，疑系养鱼户施"肥水王"构成污染，水库被污染的起因是"水库承包单位许多投放有机肥、鱼美剂等饵料，导致水库总磷、总氮等指标严重超标。

以上典型的水污染事故，说明了在当前严格的环境保护及水体保护措施下，仍有劣质水体存在的现象。在某些已经产生水质污染的水库中，即便是水质已经改善，其数年乃至数十年的水质污染事实仍旧无法消除，水体对红土大坝的影响无法逆转。水库水体污染如图 3-3 所示。本书仅对少数典型的水库养殖污染进行研究。

对典型的污染后水库水体进行取样，并分析其 pH 值、总磷、总氮、氨氮（N）含量，污染后水库水质情况见表 3-3。

表 3-3　　　　　　　　　　　污染后水库水质情况表

水库名称	表　观	pH 值	总磷含量/(mg/L)（Ⅴ类水限值 0.2）	总氮含量/(mg/L)（Ⅴ类水限值 2.0）	氨氮含量/(mg/L)（Ⅴ类水限值 2.0）
某小（2）型水库	水体颜色浑浊，稍偏绿色	9.2	1.475	8.834	7.701
某中型水库	水体颜色浑浊	8.5	0.603	7.450	5.444
某小（2）型水库	水体颜色偏绿，有腐臭味	10.3	0.678	6.401	5.694
某小（2）型水库	水体颜色偏黑，有腐臭味	10.2	0.461	11.492	10.665
某小（2）型水库	水体颜色偏绿，有腐臭味	9.5	0.516	13.710	10.224

可以看出，典型的养殖污染后水库水体均呈碱性，其 pH 值一般大于 9，一般情况下水体颜色越深，pH 值越大，污染物含量越高。表征着水质好坏的总磷、总氮、氨氮含量也均超出规范限值，说明由于养殖等活动影响，上述水库已被严重污染。

图 3-3 水库水体污染（拍摄于 2015 年前）

3.3 碱液渗流对红土力学特性的影响

红土力学特性研究的核心内容是应力-应变的本构关系。本章将对受渗流影响的红土三轴剪切试验结果进行整理与分析，主要研究不同碱液浓度、渗流侵蚀时间、围压下红土的本构关系变化规律。

3.3.1 红土本构关系

本节利用对红土进行不同碱液浓度、不同渗流时间下的三轴剪切试验结果进行分析，研究碱液浓度、渗流时间对红土本构关系的影响。

3.3.1.1 红土的应力-应变本构关系

三轴剪切试验的结果表明，红土在经历碱液、渗流的影响后，应力-应变本构关系均呈双曲线型，如图 3-4 所示，这一特征可由 $1/E_i - \varepsilon_1$ 关系曲线的线性相关性反映出来，如图 3-5 所示。

3.3.1.2 渗流时间对应力-应变本构关系影响

为研究碱液渗流时间对应力-应变本构关系的影响，分别绘制在同一 pH 值、围压条件下，不同渗流时间下红土的应力-应变关系曲线，如图 3-6 所示。

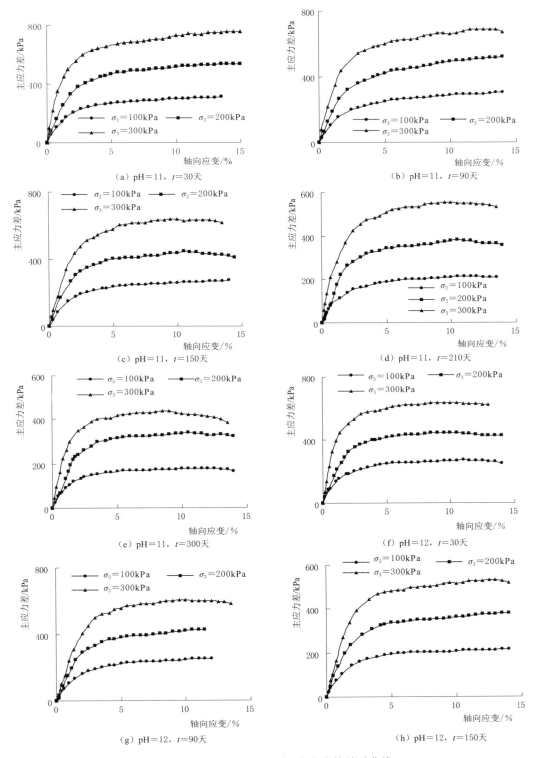

图 3-4（一） 红土的应力-应变本构关系曲线

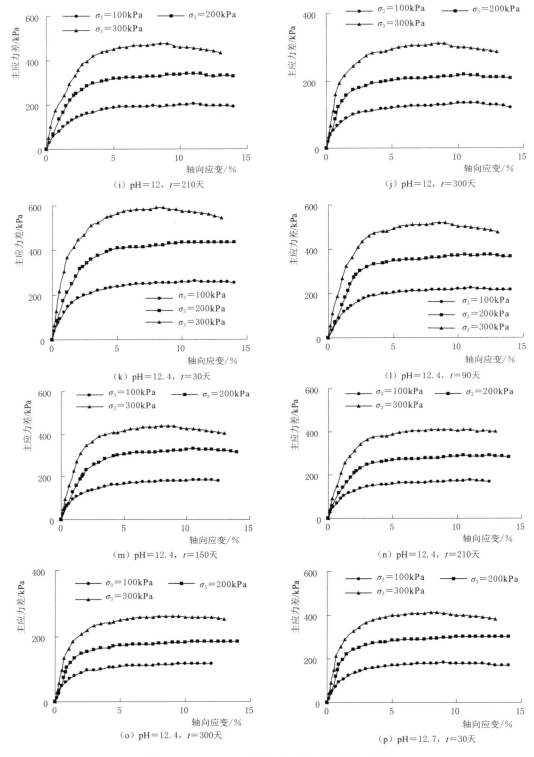

图 3-4（二） 红土的应力-应变本构关系曲线

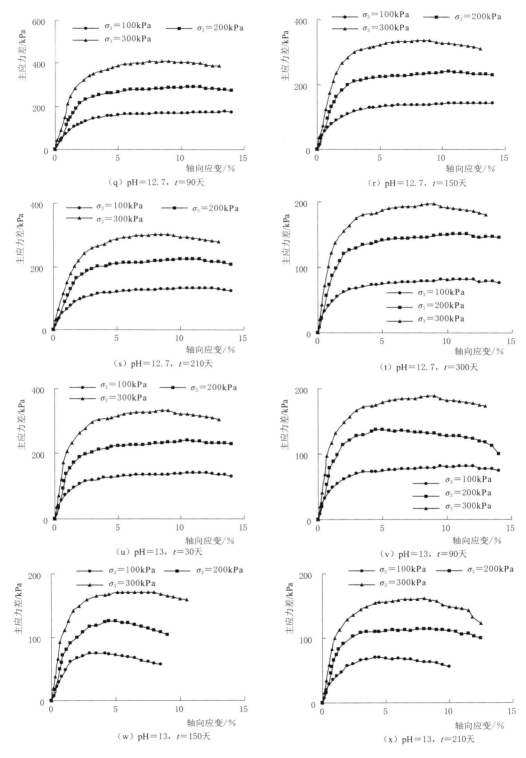

图 3-4（三）　红土的应力-应变本构关系曲线

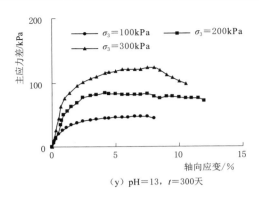

（y）pH＝13，t＝300天

图 3-4（四）　红土的应力-应变本构关系曲线

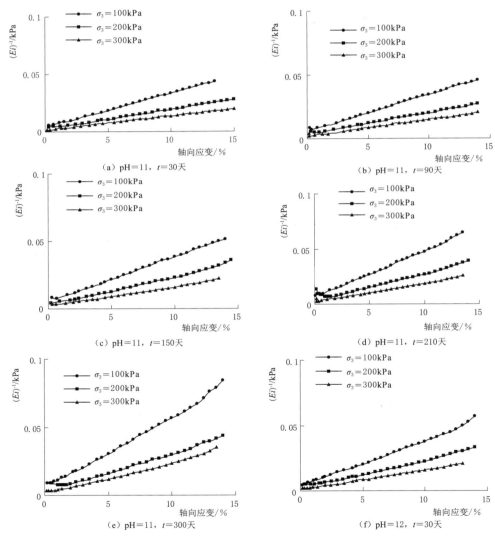

（a）pH＝11，t＝30天

（b）pH＝11，t＝90天

（c）pH＝11，t＝150天

（d）pH＝11，t＝210天

（e）pH＝11，t＝300天

（f）pH＝12，t＝30天

图 3-5（一）　红土的 $1/E_i$-ε_1 关系曲线

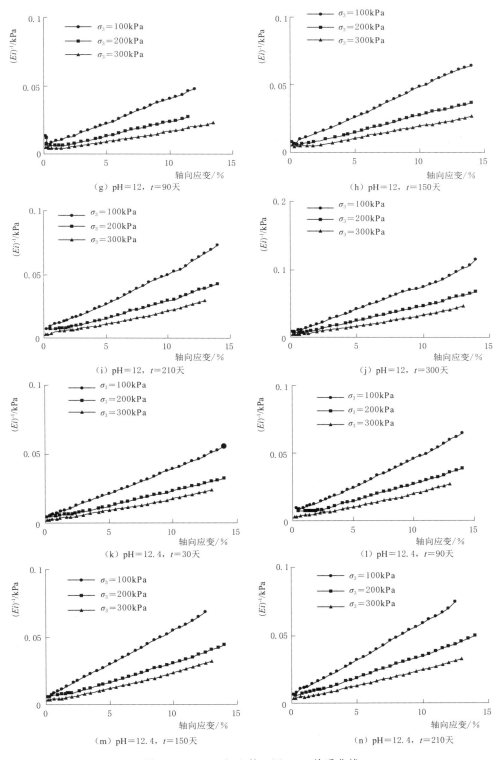

图 3-5（二）　红土的 $1/E_i$-ε_1 关系曲线

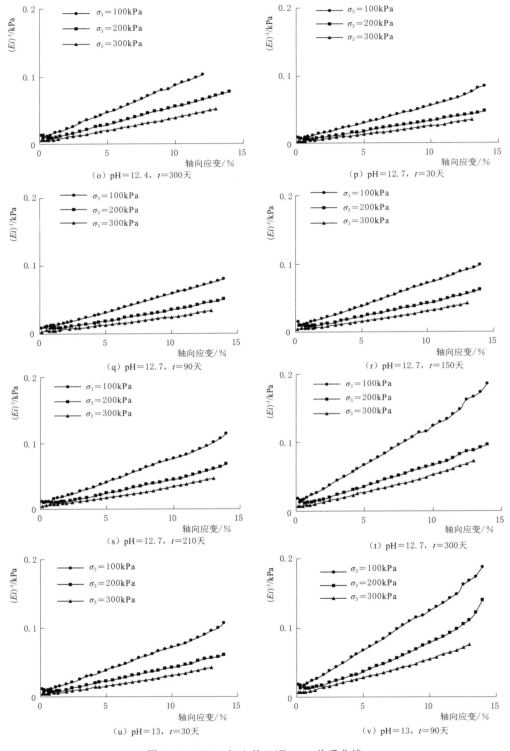

图 3-5（三）　红土的 $1/E_i$ - ε_1 关系曲线

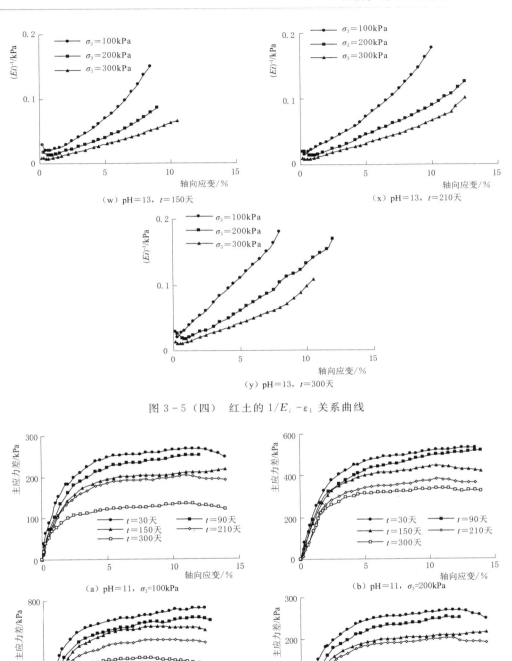

图 3-5（四） 红土的 $1/E_i$-ε_1 关系曲线

图 3-6（一） 不同渗流时间下红土的应力-应变关系曲线

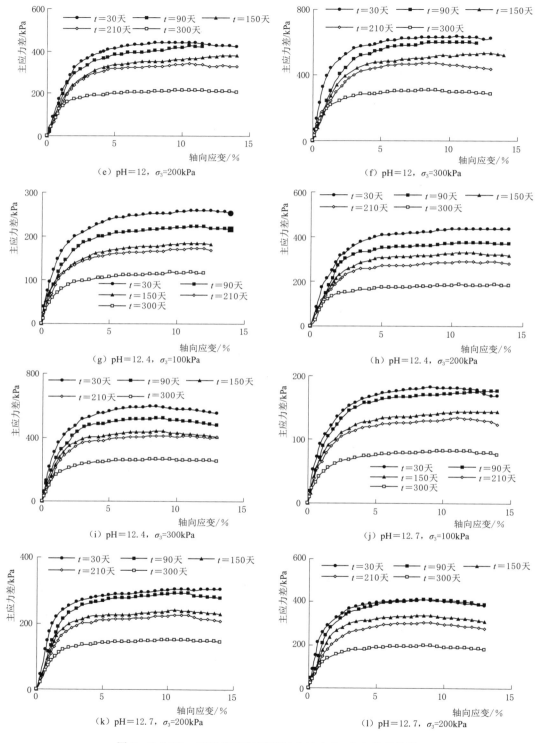

图 3-6（二）　不同渗流时间下红土的应力-应变关系曲线

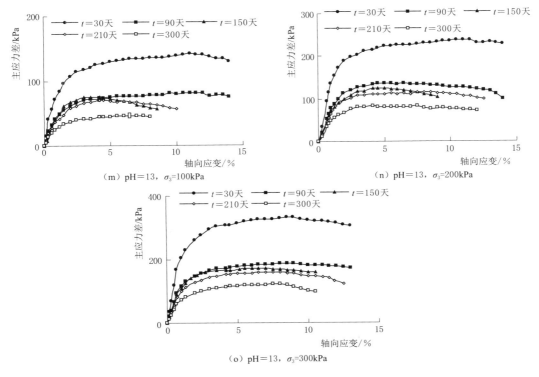

（m）pH＝13，σ_3＝100kPa　　　　（n）pH＝13，σ_3＝200kPa

（o）pH＝13，σ_3＝300kPa

图3-6（三）　不同渗流时间下红土的应力-应变关系曲线

　　由图3-6可知，在相同的pH值、围压条件下，渗流时间越长，红土的强度越低，说明碱液渗流侵蚀的发展对土体的强度存在较大影响。

3.3.1.3　碱液浓度对应力-应变本构关系影响

　　为研究碱液浓度对应力-应变本构关系的影响，分别绘制在同一侵时时间、围压条件下，不同浓度碱液侵蚀下红土的应力-应变关系曲线，如图3-7所示。

　　由图3-7可知，在相同的渗流侵蚀时间、围压条件下，碱液浓度越大，红土的强度越低，说明在侵蚀过程中，碱液的浓度对土体产生较大影响。

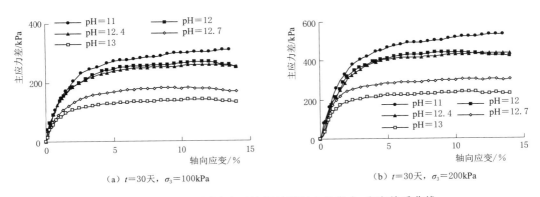

（a）t＝30天，σ_3＝100kPa　　　　（b）t＝30天，σ_3＝200kPa

图3-7（一）　不同浓度碱液侵蚀下红土的应力-应变关系曲线

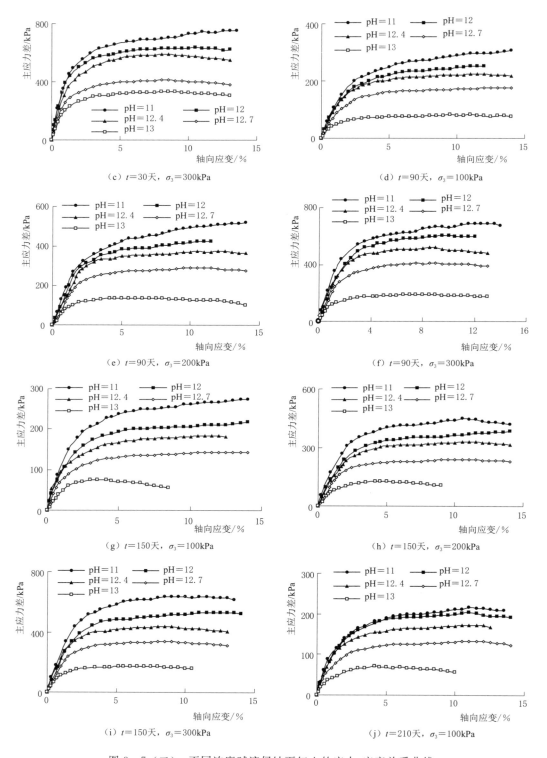

图 3-7（二）　不同浓度碱液侵蚀下红土的应力-应变关系曲线

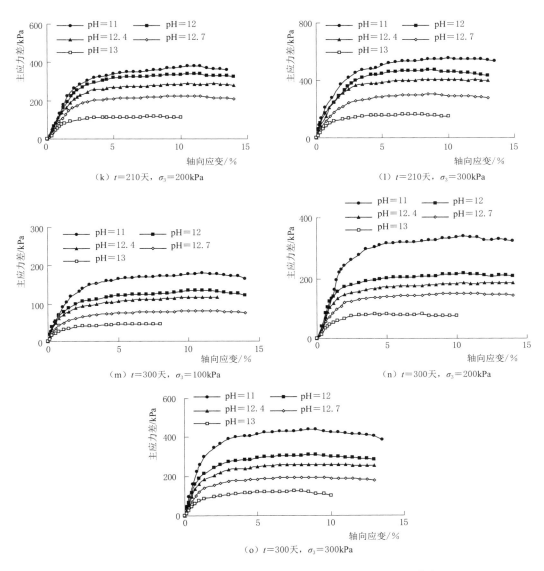

图 3-7（三）　不同浓度碱液侵蚀下红土的应力-应变关系曲线

3.3.2　碱液渗流对本构模型参数的影响

根据三轴剪切试验在加荷时所测的试验数据，康纳提出可以用双曲线近似拟合出$(\sigma_1 - \sigma_3)$-ε_a关系曲线，如图 3-8(a)所示。对于某一固定的小主应力σ_3，该曲线表示为

$$\sigma_1 - \sigma_3 = \frac{\varepsilon_a}{a + b\varepsilon_a} \qquad (3-1)$$

式中　a 和 b——试验常数。

式(3-1)也可以写成

$$\frac{\varepsilon_a}{\sigma_1 - \sigma_3} = a + b\varepsilon_a \tag{3-2}$$

若以横坐标为 ε_a、纵坐标为 $\dfrac{\varepsilon_a}{\sigma_1 - \sigma_3}$ 组建成新的坐标系，则式（3-2）在该坐标系中为一条直线，成功地将双曲线转换成直线，如图 3-8（b）所示，其斜率为 b，截距为 a。

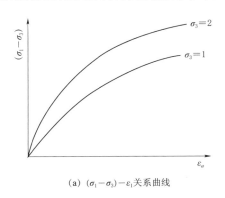
（a）$(\sigma_1 - \sigma_3) - \varepsilon_1$关系曲线

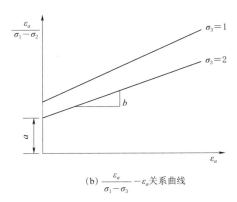
（b）$\dfrac{\varepsilon_a}{\sigma_1 - \sigma_3} - \varepsilon_a$关系曲线

图 3-8　双曲线拟合

在式（3-2）的基础上推导出的弹性模量公式，在 σ_3 不变条件下，可得出增量的弹性模量为

$$E_t = \frac{\Delta\sigma_1}{\Delta\varepsilon_1} = \frac{\Delta(\sigma_1 - \sigma_3)}{\Delta\varepsilon_a} = \frac{\partial(\sigma_1 - \sigma_3)}{\partial\varepsilon_a} \tag{3-3}$$

将式（3-1）代入式（3-3）得

$$E_t = \frac{a}{(a + b\varepsilon_a)^2} \tag{3-4}$$

由式（3-3），得

$$\varepsilon_a = \frac{a}{\dfrac{1}{\sigma_1 - \sigma_3} - b} \tag{3-5}$$

代入式（3-4），得

$$E_t = \frac{1}{a}\left[1 - b(\sigma_1 - \sigma_3)\right]^2 \tag{3-6}$$

由式（3-2）可知，当 $\varepsilon_a \to 0$ 时，有

$$a = \left(\frac{\varepsilon_a}{\sigma_1 - \sigma_3}\right)_{\varepsilon_a \to 0} \tag{3-7}$$

可知 $\left(\dfrac{\varepsilon_a}{\sigma_1 - \sigma_3}\right)_{\varepsilon_a \to 0}$ 表示的是曲线 $(\sigma_1 - \sigma_3) - \varepsilon_a$ 的最初始的切线斜率，那么它的意义就是初始切线模量，可以用 E_i 来表示，因此就有

$$a = \frac{1}{E_i} \tag{3-8}$$

这表示 a 是初始切线模量的倒数。

当 $\varepsilon_a \rightarrow \infty$，由式（3-2）还可得

$$b = \frac{1}{(\sigma_1 - \sigma_3)_{\varepsilon_a \rightarrow \infty}} = \frac{1}{(\sigma_1 - \sigma_3)_u} \qquad (3-9)$$

式中用 $(\sigma_1 - \sigma_3)_u$ 表示当 $\varepsilon_a \rightarrow \infty$ 时 $(\sigma_1 - \sigma_3)$ 的值，也就是 $(\sigma_1 - \sigma_3)$ 的渐进值。实际上，轴向应变 ε_a 不可能趋于无穷大，在其达到一定值后土样就会破坏了，这时土样的偏应力为 $(\sigma_1 - \sigma_3)_f$，可知它总是小于 $(\sigma_1 - \sigma_3)_u$，令

$$R_f = \frac{(\sigma_1 - \sigma_3)_f}{(\sigma_1 - \sigma_3)_u} \qquad (3-10)$$

$$b = \frac{1}{(\sigma_1 - \sigma_3)_{\text{ult}}} = \frac{R_f}{(\sigma_1 - \sigma_3)_f} \qquad (3-11)$$

式中　R_f——破坏比。

将式（3-8）和式（3-11）代入式（3-4），并利用式（3-6），可得

$$E_t = \left[1 - R_f \frac{(\sigma_1 - \sigma_3)}{(\sigma_1 - \sigma_3)_f} \right]^2 E_i \qquad (3-12)$$

固结压力 σ_3 不同，则该围压下土体的破坏偏应力 $(\sigma_1 - \sigma_3)_f$ 的大小也不同，可根据极限摩尔应力圆中表现出的几何关系得到

$$(\sigma_1 - \sigma_3)_f = \frac{2c\cos\varphi + 2\sin\varphi}{1 - \sin\varphi} \qquad (3-13)$$

由试验结果可知 E_i 会随 σ_3 的变化而改变，且如果在双对数纸上点绘 $\lg\left(\dfrac{E_i}{p_a}\right)$ 和 $\lg\left(\dfrac{\sigma_3}{p_a}\right)$ 的关系，得到的曲线关系近似为一直线，如图3-9所示。式中的 p_a 表示的是大气压力，引入 p_a 的目的则是为了使纵横坐标转化为无因次量。在该坐标系中得到的直线的截距为 $\lg K$，直线的斜率为 n，于是就可得直线的关系式为

$$\lg\left(\frac{E_i}{p_a}\right) = \lg K + n\lg\left(\frac{\sigma_3}{p_a}\right) \quad (3-14)$$

则可得

$$E_i = K p_a \left(\frac{\sigma_3}{p_a}\right)^n \qquad (3-15)$$

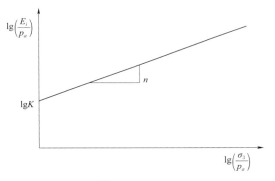

图3-9　$\lg\left(\dfrac{E_i}{p_a}\right)$ 和 $\lg\left(\dfrac{\sigma_3}{p_a}\right)$ 的关系曲线

上述公式反映了土的硬性，即变形模量与围压相关。结合图3-9和式（3-14）、式（3-15）可分析系数 n 的物理意义为：n 反映了在不同围压 σ_3 条件下 E_i 的增长趋势，n 越大，则 σ_3 对 E_i 影响越大。K 反映了围压 $\sigma_3 = P_a$ 条件下 E_i 的数值。

将式（3-15）和式（3-13）代入式（3-12），得

$$E_t = \left[1 - R_f \frac{(1 - \sin\varphi)(\sigma_1 - \sigma_3)}{2c\cos\varphi + 2\sigma_3\sin\varphi} \right]^2 K p_a \left(\frac{\sigma_3}{p_a}\right)^n \qquad (3-16)$$

由式（3-16）可知：当土体的应力水平增加时，其切线弹性模量 E_t 会降低，且 E_t 会随着固结压力增加而呈现增加的变化。

式（3-16）中包含 5 个参数，c、φ 分别表示土体的黏聚力和内摩擦角，是土体的强度指标，而 K、n 和 R_f 则是推导过程中的参数，它们的物理意义和确定方法在该推导过程中已做说明，可知当 σ_3 取不同的值时，其中 R_f 也会有不同的值，一般在取值时取平均数。

3.3.2.1　碱液浓度及渗流时间对红土强度参数的影响

制作至少三个相同的三轴土样，对其施加不同的围压 σ_3 后，分别测出土样破坏点的主应力差值。然后绘制出不同围压下的摩尔应力圆，作这些应力圆的公切线，该公切线称为强度包线。如图 3-10 所示。

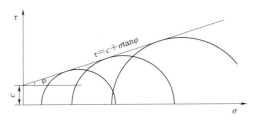

图 3-10　摩尔-库仑破坏准则

用这种方法来确定土体的强度特性参数是库仑在 1773 年首次提出的，该方法表达出了黏性土的最大剪应力 τ_f 与法向应力 σ 的关系，为

$$\tau_f = c + \sigma\tan\varphi \qquad (3-17)$$

不同碱液浓度、渗流时间下红土的强度参数见表 3-4。

表 3-4　　　　　　不同碱液浓度、渗流时间下红土的强度参数

浓度/pH 值	时间/天	c/kPa	φ/(°)	浓度/pH 值	时间/天	c/kPa	φ/(°)
11	30	27.9	32	12.4	210	19.6	21.5
11	90	26.62	31	12.4	300	14	16
11	150	28.2	28	12.7	30	18.7	22.5
11	210	23.2	26	12.7	90	19	22
11	300	20	22.1	12.7	150	18	18.9
12	30	25.9	28.9	12.7	210	16	17.7
12	90	25.54	27.76	12.7	300	8.9	13.6
12	150	24.22	25.62	13	30	14.6	19.2
12	210	21.7	24	13	90	10	12.6
12	300	18.2	19.9	13	150	9.4	11.9
12.4	30	24.9	27.78	13	210	8.7	11.4
12.4	90	22.6	25.4	13	300	5.7	8.9
12.4	150	21.2	23.2				

对于给定初始条件的红土，分别存在一个与渗流时间、碱液浓度相关的曲线可以表达黏聚力和内摩擦角，如图 3-11 所示。

图 3-11 是不同碱液浓度下，强度参数 c、φ 随渗流时间的变化规律。由图可以说明，在试验所用酸碱浓度的渗流侵蚀条件下，强度参数均随着渗流时间的增加而减小。根据相

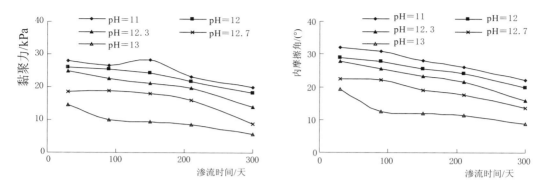

图 3-11　不同碱液浓度下强度参数随渗流时间变化规律

关文献研究表明：碱性物质与红土中的氧化铁、氧化铝等物质反应，生成的物质溶于水或沉淀被渗透作用带出土体，从而使土体强度降低；随着渗流时间的持续增加，这种化学反应不断产生，溶于水或被带出土体的物质不断增加，土体结构性被破坏，造成土颗粒之间的连接不断降低，从而强度降低。

　　同时也可以看出，在不同的碱液浓度下，强度参数下降的规律也存在差异。在渗流时间为 30～90 天，pH 值为 11、12 时，强度参数变化幅度相对较小；渗流时间为 30～90 天，pH 值为 13 时，强度参数变化幅度较大。pH 为 13 时，强度参数在渗流的初期（30～90 天）变化较大，但随着渗流时间的增加呈现逐渐稳定的趋势，表明强度参数随渗流时间的增加不会无限制减小。

　　不同渗流时间下，强度参数 c、φ 随碱液浓度的变化规律。由图 3-12 可以说明，在不同碱液渗流条件下，强度参数均随着碱液浓度的增加而减小。根据相关文献研究表明：红土呈酸性，由于碱液的存在，增大了红土的 pH 值，致使邻域内的游离氧化铁、氧化铝等均带负电，从而与黏粒矿物同电性相斥，导致颗粒之间的连接能力降低，随着渗流时间的增加，红土的强度参数下降。随着碱液浓度的增加，颗粒之间的联结能力降低愈加明显，从而造成不同渗流侵蚀时间下，红土的强度参数随碱液浓度的增加而降低。

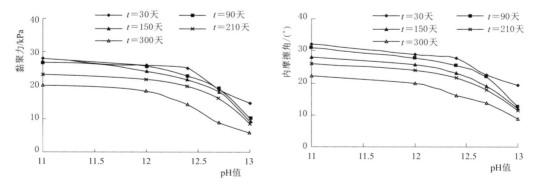

图 3-12　不同渗流时间下强度参数随碱液浓度变化规律

　　同时还可以看出，不论碱液渗流时间的长短，在 pH 值由 11 增大到 12 时，红土的强度参数变化较小，pH 值大于 12 后，红土的强度参数随浓度的增加明显下降，说明红土的强度参数随碱液浓度的变化更加敏感。

3.3.2.2　碱液浓度及渗流时间对 K、n、R_f 的影响

不同碱液浓度、渗流时间下红土的 K、n、R_f 见表 3 - 5。

表 3 - 5　　　　　　　　　不同碱液浓度、渗流时间下红土的 K、n、R_f

pH 值	时间/天	K	n	R_f	pH 值	时间/天	K	n	R_f
11	30	639.24	0.719	0.97	12.4	210	165.94	0.728	1.00
11	90	549.26	0.705	0.98	12.4	300	139.83	0.742	1.00
11	150	460.37	0.746	1.00	12.7	30	237.52	0.747	0.99
11	210	331.59	0.739	0.97	12.7	90	214.79	0.718	0.99
11	300	276.56	0.718	1.01	12.7	150	173.47	0.725	0.99
12	30	516.89	0.758	0.97	12.7	210	135.84	0.786	1.01
12	90	396.88	0.718	0.98	12.7	300	128.79	0.714	0.99
12	150	327.42	0.684	0.98	13	30	199.18	0.745	1.00
12	210	190.32	0.743	1.00	13	90	153.28	0.741	0.99
12	300	169.25	0.747	0.86	13	150	113.36	0.842	0.97
12.4	30	369.07	0.754	1.00	13	210	65.78	0.724	0.97
12.4	90	293.23	0.724	1.00	13	300	66.51	0.725	0.96
12.4	150	220.51	0.750	0.97					

分别绘制不同碱液浓度下，K、n、随渗流时间的变化趋势，如图 3 - 13、图 3 - 14 所示。由于 R_f 随碱液浓度、渗流时间无明显变化规律，不再绘制其变化规律图。

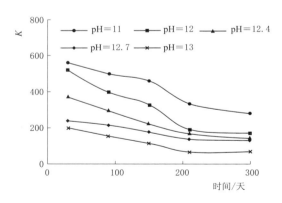

图 3 - 13　不同碱液浓度下参数 K 随
渗流时间变化规律

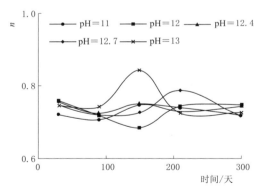

图 3 - 14　不同碱液浓度下参数 n 随
渗流时间变化规律

K 反映了围压 $\sigma_3 = P_a$ 条件下 E_i 的数值。从图 3 - 13 可以看出，在试验浓度下，K 随着渗流侵蚀时间的增加而降低，说明在侵蚀后，同样的应力将导致更大应变产生。产生这种现象的原因有：①由于渗流作用，碱液与组成土颗粒的化学物质产生反应，新的化学

物质被渗流作用带出，从而增大了颗粒之间的空隙，在轴向应力作用下空隙产生较大压缩变形；②由于碱液的化学作用，颗粒之间、颗粒组团之间排斥力减小，空隙在轴向应力作用下更容易，从而在同样的应力下产生较大变形。

前文已经说明，n 反映了在不同的围压 σ_3 条件下 E_i 的增长趋势，n 越大，则 σ_3 对 E_i 影响越大。本书试验结果表明，n 随碱液浓度、渗流时间无明显变化规律，最大值为 0.842，最小值为 0.684，中位数为 0.739，平均值为 0.738。

R_f 代表了应力-应变曲线中峰值点（或 $\varepsilon_1 = 15\%$）的强度值与极限偏应力差的比值，实际应用中，极限偏应力差是根据 $\varepsilon_1/(\sigma_1-\sigma_3)-\varepsilon_1$ 关系曲线推导求得的。本书试验结果表明，R_f 随碱液浓度、渗流时间无明显变化规律，最大值为 1.00，最小值为 0.86，中位数为 0.99，平均值为 0.98。

3.3.2.3　碱液浓度及渗流时间对本构模型参数影响的定量表达

邓肯-张模型参数中，n 取 0.738，R_f 取 0.98。

对碱液浓度、渗流时间对 c、φ、K 等参数的影响进行定量表达，其表达式一般为

$$\left\{\begin{array}{c} c \\ \varphi \\ K \end{array}\right\} = f(\mathrm{pH}, t) \tag{3-18}$$

对于特定碱液浓度条件下，渗流时间对 c、φ、K 等参数的影响可定量表达为

$$\left\{\begin{array}{c} c \\ \varphi \\ K \end{array}\right\} = f(t) \tag{3-19}$$

以黏聚力为例，可采用幂函数、指数函数、对数函数、线性函数等进行拟合。通过曲线适配可以发现：线性函数可以较好表达碱液浓度渗流时间对 c、φ、K 等参数的影响。

以 pH＝11 条件下为例，不同渗流时间下黏聚力可以表达为

$$c = -0.0298t + 29.832 \tag{3-20}$$

不同渗流时间下内摩擦角可以表达为

$$\varphi = -0.03779\,t + 33.71475 \tag{3-21}$$

不同渗流时间下参数 K 可以表达为

$$K = 633.21\mathrm{e}^{-0.003t} \tag{3-22}$$

因此，浓度＝11 条件下，将式（3-19）～式（3-21）代入式（3-16），可得切线弹性模量 E_t 在不同渗流时间下的定量表达式为

$$\left\{\begin{array}{l} E_t = \left[1 - R_f\,\dfrac{(1-\sin\varphi)(\sigma_1-\sigma_3)}{2c\cos\varphi + 2\sigma_3\sin\varphi}\right]^2 Kp_a\left(\dfrac{\sigma_3}{p_a}\right)^n \\ c = -0.0298t + 29.832 \\ \varphi = -0.03779\,t + 33.71475 \\ K = 633.21\mathrm{e}^{-0.003t} \\ n = 0.748 \\ R_f = 0.98 \end{array}\right. \tag{3-23}$$

或者写成

$$E_t = \left[1 - \frac{0.98(1 - \sin(-0.03779t + 33.71475))(\sigma_1 - \sigma_3)}{2(c = -0.0298t + 29.832)\cos(-0.03779t + 33.71475) + 2\sigma_3 \sin(-0.03779t + 33.71475)}\right]^2$$

$$(633.21e^{-0.003x})p_a \left(\frac{\sigma_3}{p_a}\right)^{0.748} \tag{3-24}$$

3.4 碱液渗流对红土物理特性的影响

利用三轴剪切试验后的土样，对红土的微观结构、颗粒组成、界限含水率进行了试验，同时碱液渗流过程中，对红土的渗透系数进行了试验。

3.4.1 碱液渗流对红土颗粒组成的影响

对经碱液渗流后且经过三轴剪切试验后的红土进行颗粒含量试验。试验前，将在同一渗流时间、碱液浓度条件下的三个土样进行揉搓粉碎并混合，根据 SL 237—1999《土工试验规程》的要求进行土体颗粒含量试验，试验时以两个平行试验的平均值作为本书的试验结果。所得成果见表 3-6。

表 3-6　　　　　　　　不同碱液浓度、渗流时间下红土的颗粒含量

pH 值	时间/天	颗粒含量/%		
		>0.075mm	0.075~0.005mm	<0.005mm
11	30	15.2	49.1	35.7
11	90	15.4	43.5	41.1
11	150	15.5	38.8	45.7
11	210	15.3	35.6	49.1
11	300	15.3	30.1	54.6
12	30	15.3	46.7	38.0
12	90	15.0	38.2	46.8
12	150	14.7	33.6	51.7
12	210	15.0	30.4	54.6
12	300	15.3	27.6	57.1
12.4	30	15.2	42.5	42.3
12.4	90	15.3	32.3	52.4
12.4	150	15.1	29.5	55.4
12.4	210	14.9	26.5	58.6
12.4	300	14.2	25.6	60.2
12.7	30	15.2	39.2	45.7
12.7	90	14.0	29.4	56.6
12.7	150	13.9	26.0	60.1
12.7	210	13.7	24.0	62.3

pH 值	时间/天	颗粒含量/%		
		>0.075mm	0.075~0.005mm	<0.005mm
12.7	300	14.0	23.1	62.9
13	30	13.8	31.6	54.6
13	90	14.7	25.6	59.7
13	150	13.5	24.8	61.7
13	210	13.6	23.5	62.9
13	300	12.8	23.5	63.7

表 3-6 中，当碱液浓度为 11~12.4 时，砾粒（>0.075mm）含量为 14.7%~15.4%，随着碱液浓度的增加，砾粒含量逐渐降为 12.8%~14.7%，说明在相对高浓度碱液渗流的条件下，部分砾粒组颗粒逐渐破碎或分解，转化为更小颗粒。

绘制不同渗流时间、不同碱液浓度条件下红土的黏粒（<0.005mm）含量变化规律，如图 3-15 所示。

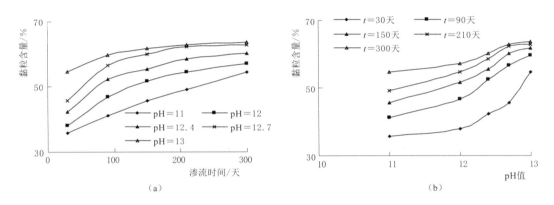

图 3-15 黏粒含量变化曲线

图 3-15（a）表示了在不同碱液浓度渗流条件下，黏粒含量与侵蚀渗流时间的相关性。可以看出：

（1）黏粒含量与渗流时间总体呈正相关性，即在碱性溶液的渗流侵蚀下，黏粒含量随时间的增加而提高，说明碱液对红土中的颗粒具有分解作用，可将大颗粒分解成小颗粒，从而造成黏粒含量上升。

（2）黏粒含量的提高在不同碱液浓度的渗流作用下表现也有区别：当碱液浓度较低（pH=11）时，黏粒含量与渗流时间基本呈线性上升关系；而随着碱液浓度的增大，黏粒含量先是随着时间的增加而迅速提高，随后提高的幅度逐渐减小；当碱液浓度较高（pH=13）时，黏粒含量在开始就达到了相当高水平，随后缓慢上升并保持稳定。

（3）不同碱液浓度下，黏粒含量随时间的增加不会一直提高，存在最高值，在本书研究中，最高值约为 63%。

图 3-15（b）表示了在不同碱液渗流时间条件下，黏粒含量与渗流时间的相关性。

可以看出：

（1）在碱性溶液的渗流侵蚀下，黏粒含量随碱液浓度的增加而提高。

（2）黏粒含量的提高在不同碱液浓度的渗流作用下表现也有区别：渗流时间较短（30天）时，黏粒含量随着碱液浓度的增加快速上升；但渗流时间较长时，黏粒含量随碱液浓度的增加缓慢上升。

3.4.2　碱液渗流对土体微观结构的影响

利用扫描电子显微镜对红土的微观结构进行拍照观察，并对碱液渗流前后的微观结构变化情况进行定性分析。

1. 碱液渗流后土体细观结构变化

对低倍（放大50倍）情况下土体的典型细观结构进行研究，如图3-16～图3-18所示。

图 3-16　未经碱液渗流的红土细观结构

图 3-17　碱液渗流后红土细观
结构（pH＝11，t＝150 天）

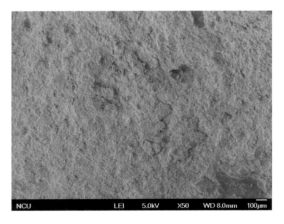

图 3-18　碱液渗流后红土细观结构
（pH＝13，t＝210 天）

从图 3-16 中可以明显看出，未经碱液渗流的红土存在明显的大颗粒结构，其颗粒直径为 1～2mm，颗粒之间存在较大空隙。经碱液渗流后，土体颗粒变小，呈有序状态排列，颗粒之间的空隙变小但依然存在；经较高浓度碱液较长期渗流后，土体颗粒变小，呈更加有序的状态，且在低倍放大条件下已经无法观察到土颗粒之间的空隙。

2. 碱液渗流后土体微观结构变化

红土经碱液渗流后，利用真空冷冻干燥技术对土体进行处理，并拍摄土体表面，放大 10000 倍后，得到的微观结构如图 3-19～图 3-22 所示。

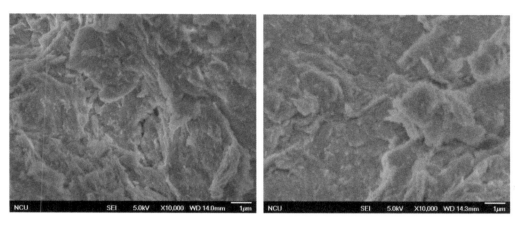

图 3-19　碱液渗流后红土微观结构（pH=11，t=30 天）

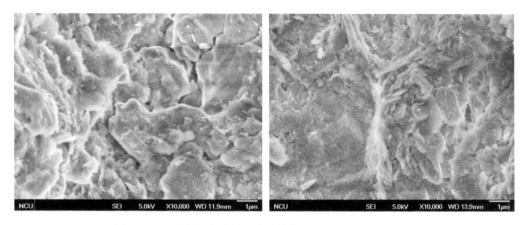

图 3-20　碱液渗流后红土微观结构（pH=12，t=90 天）

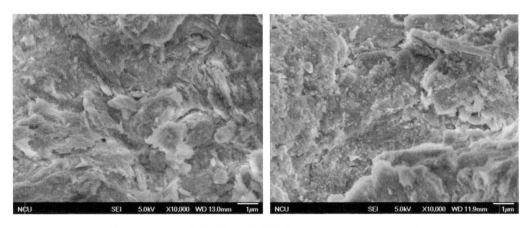

图 3-21　碱液渗流后红土微观结构（pH=12.7，t=150 天）

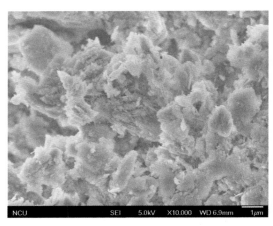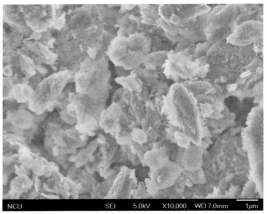

图 3 - 22　碱液渗流后红土微观结构（pH＝13，t＝210 天）

在碱液渗流的初期，放大 10000 倍后无法看清土体的颗粒组成，由于选择视窗的原因，无法观察到土颗粒之间的孔隙；随着碱液浓度和渗流时间的增加，土体中大颗粒逐渐破碎分解成小颗粒；当碱液渗流作用发展到一定程度时土体小颗粒增多，且粒径多为 $1\sim3\mu m$。

对比碱液渗流的初期和后期，可以明显观察到碱液渗流作用后期的土体表面更加粗糙，而在较低放大倍数（50 倍）则表现为渗流初期土体表面较粗糙，这种现象可以解释为：

（1）碱液渗流的初期，红土土体由较大颗粒堆集而成，放大倍数较低的情况下，观察到的是较大红土颗粒的状态，大颗粒与大颗粒之间的起伏、连接等状态造成了细观上表现较为粗糙，红土的大颗粒在高倍放大的条件下，观察到的是某个大颗粒的表面结构情况，表现较为有序和平滑。

（2）随着碱液渗流的发展，红土土体中的大颗粒逐渐转变为小颗粒，在放大倍数较低的情况下，小颗粒无法被有效发现观察，仅表现为较多小颗粒的集合体，相对有序和平滑，而在放大倍数较高的情况下，独立的小颗粒被观察，因此表现为较粗糙。

以上解释可以理解为：未经碱液渗流和渗流初期的土体，颗粒组成如一粒粒卵石，低倍观察较粗糙，放大观察后较平滑；经碱液渗流后的土体，颗粒组成如细砂，低倍观察平滑有序，放大观察后较粗糙。

3.4.3　碱液渗流对红土界限含水率的影响

对经碱液渗流后的红土进行界限含水率试验，可以发现：随着碱液浓度的增加和渗透淋滤时间的增长，红土土样的液限及塑限变化无明显规律，但总体呈降低趋势。

不同时间、不同浓度碱液淋滤情况下的红土界限含水率变化情况如图 3 - 23、图 3 - 24 所示。

3.4.4　碱液渗流对红土渗透系数的影响

利用本书所述新型渗透仪，可以在碱液渗流过程中随时根据 SL 237—1999 进行土体

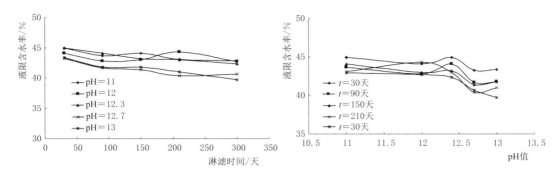

图 3 - 23　液限随时间、碱液浓度变化曲线

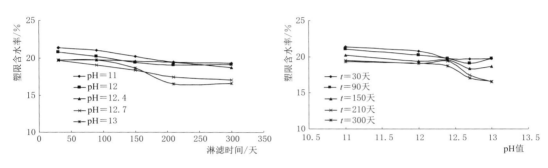

图 3 - 24　塑限随时间、碱液浓度变化曲线

变水头渗透系数试验。同一渗透时间、碱液浓度条件下，以三个土样渗透系数的平均值作为本书所用数据。对土样的渗透系数进行测试，结果如图 3 - 25、图 3 - 26 所示。

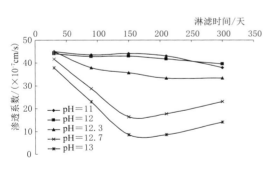

图 3 - 25　同一碱液浓度下渗透系数随
渗流时间变化曲线

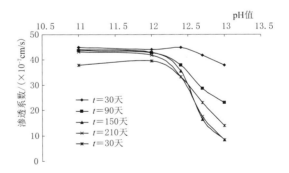

图 3 - 26　同一渗流时间下渗透系数
随浓度变化曲线

通过图 3 - 25 可以看到，碱液渗流作用对渗透系数存在影响，碱液浓度的不同对红土渗透系数的影响存在差异性：碱液浓度较低时，渗透系数随时间的增长缓慢减小；碱液浓度较高时，渗透系数先迅速减小，在经历一段时间后，又缓慢上升。

由图 3 - 26 可以看出，当碱液淋滤时间相同时，渗透系数是随着碱液浓度的增加而减小的，说明碱液对土体的渗流侵蚀作用随碱液浓度的增加而增加。

本书已经阐述，碱液渗流作用会使土体中粗颗粒减少、细颗粒增加。图 3-22 表明：当渗流碱液浓度较低（pH＝11、12）时，细颗粒含量持续增加，但渗透系数并未明显减少。本书认为：碱液渗流的作用可以对土颗粒产生破碎、分解等作用，但仅在低浓度碱液渗流的静力作用下，土体内部的较大土颗粒仅产生内部联结强度减小等变化，尚未产生大量颗粒破碎现象，因此渗透系数无明显变化；在土体颗粒组成试验中，虽然红土细颗粒含量增加，但这种增加是由于试验过程中的碾压、筛分、搅拌等原因引起的。

当碱液浓度较高（pH＝12.7、13）时，渗透系数先迅速减小，这是因为较高浓度的碱液渗流作用已经使土体内部的大颗粒产生明显破碎现象，破碎后的细小颗粒阻塞了大颗粒之间的孔隙，水流无法通过，造成渗透系数迅速减小；随着渗流作用的持续，小颗粒之间形成了固定、有序的排列方式，部分小颗粒可能在渗透水压的作用下被排出土体，颗粒之间的孔隙也由渗透水压的作用而重新形成，因此渗透系数又重新增加。

3.5　碱液渗流对红土化学成分影响

已有大量研究结果表明：酸、碱侵蚀对红土的工程特性引起的变化不是因为土颗粒本身的破坏所致，而是因为红土颗粒之间起到胶结、包裹、填充等作用的化学成分与酸、碱发生化学反应生成了可溶、微溶或不溶于水的物质，并随有压渗水流出土体，从不同程度上致使土颗粒离散、解构、由粗变细，从而导致红土工程特性发生变化。本章对经碱液渗流前后的化学元素进行测试，研究不同浓度、时间的碱液渗流对红土化学元素的影响。

3.5.1　碱液渗流对红土化学成分的影响

对经碱液渗流后且经过三轴剪切试验后的红土主要化学成分 SiO_2、Fe_2O_3 和 Al_2O_3 进行测试，所得成果见表 3-7。

表 3-7　　　　　　　　　　不同碱液浓度、渗流时间下红土的化学成分变化

pH 值	时间/天	化学成分/%		
		Fe_2O_3	Al_2O_3	SiO_2
11	30	7.06	16.7	65.1
11	90	7.19	16.1	65.6
11	150	6.94	16.3	65.9
11	210	6.81	15.9	63.5
11	300	6.45	16.0	63.5
12	30	6.45	16.7	65.2
12	90	6.52	16.3	66.2
12	150	6.87	15.5	64.4
12	210	6.61	16.1	64.1
12	300	6.10	16.0	63.5
12.4	30	6.85	16.6	63.6

pH 值	时间/天	化学成分/%		
		Fe_2O_3	Al_2O_3	SiO_2
12.4	90	6.71	16.6	63.7
12.4	150	5.84	16.5	65.3
12.4	210	6.43	15.8	65.6
12.4	300	6.29	15.7	64.0
12.7	30	6.65	16.6	64.1
12.7	90	6.19	16.1	64.2
12.7	150	6.23	16.0	64.3
12.7	210	5.97	15.9	64.4
12.7	300	5.59	15.0	64.5
13	30	6.29	15.9	64.6
13	90	5.97	16.0	64.7
13	150	6.00	15.8	64.8
13	210	6.06	15.9	64.9
13	300	6.00	15.3	65.9

3.5.2　Fe_2O_3 含量随碱液浓度和渗流侵蚀时间的变化

分别绘制红土中 Fe_2O_3 含量随碱液浓度和渗流侵蚀时间的变化曲线，如图 3-27 所示。

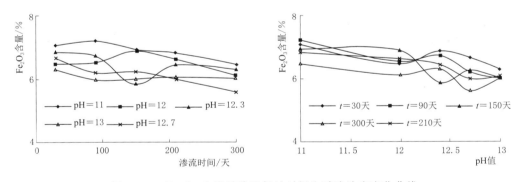

图 3-27　Fe_2O_3 含量随渗流侵蚀时间和碱液浓度变化曲线

从图 3-27 中可以看出，由于测试精度等因素影响，在固定的碱液浓度下，红土中 Fe_2O_3 含量随渗流侵蚀时间变化不明显，同样在固定渗流侵蚀时间下，Fe_2O_3 含量随碱液浓度的变化也不明显。为了更清楚表达红土中 Fe_2O_3 含量变化情况，绘制其随碱液浓度和渗流侵蚀时间的曲面，如图 3-28 所示。

通过图 3-28（a）可以看出，Fe_2O_3 含量随碱液浓度的增加和渗流侵蚀时间的提高呈波动减小的趋势，其总体变化范围为 7.19%～5.59%，变化幅度仅为 1.6%。总体来看，低值出现在被较高浓度碱液长时间侵蚀后的红土土样中。

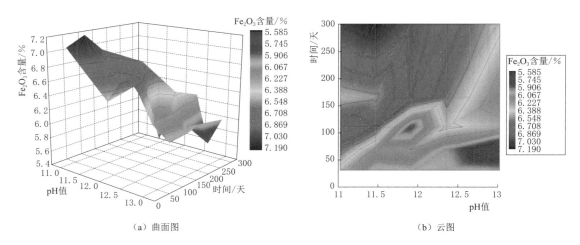

（a）曲面图　　　　　　　　　　　　　　（b）云图

图 3 - 28　Fe_2O_3 含量随碱液浓度和渗流侵蚀时间变化曲面图与云图

3.5.3　Al_2O_3 含量随碱液浓度和渗流侵蚀时间的变化

分别绘制红土中 Al_2O_3 含量随碱液浓度和渗流侵蚀时间的变化曲线，如图 3 - 29 所示。

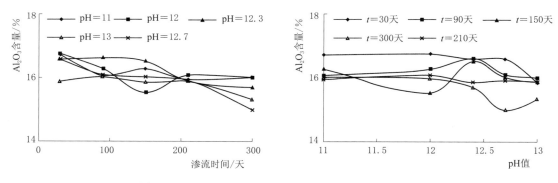

图 3 - 29　Al_2O_3 含量随侵蚀时间和碱液浓度变化曲线

从图 3 - 29 中可以看出，在固定的碱液浓度下，红土中 Al_2O_3 含量随侵蚀时间变化不明显，同样在固定侵蚀时间下，Al_2O_3 含量随碱液浓度的变化也不明显。为了更清楚表达红土中 Al_2O_3 含量变化情况，绘制其随碱液浓度和侵蚀时间的曲面，如图 3 - 30 所示。

通过图 3 - 30（a）可以看出，Al_2O_3 含量随碱液浓度的增加和渗流侵蚀时间的提高呈波动减小的趋势。其总体变化范围为 16.7%～15.0%，变化幅度为 1.7%。总体来看，低值出现在被较高浓度碱液长时间侵蚀后的红土土样中。其规律性与 Fe_2O_3 含量的基本一致。

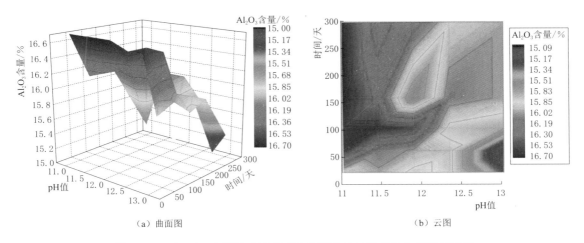

（a）曲面图　　　　　　　　　（b）云图

图 3-30　AL_2O_3 含量随碱液浓度和渗流侵蚀时间变化曲面图与云图

3.5.4　SiO_2 含量随碱液浓度和渗流侵蚀时间变化

分别绘制红土中 SiO_2 含量随碱液浓度和渗流侵蚀时间的变化曲线，如图 3-31 所示。

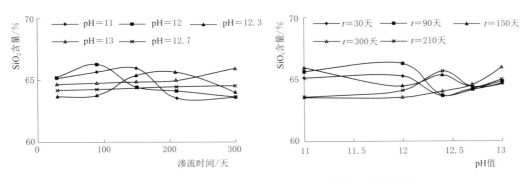

图 3-31　SiO_2 含量随渗流侵蚀时间和碱液浓度变化曲线

从图 3-31 中可以看出，在固定的碱液浓度下，红土中 SiO_2 含量随渗流侵蚀时间变化不明显，同样在固定渗流侵蚀时间下，SiO_2 含量随碱液浓度的变化也不明显。为了更清楚表达红土中 SiO_2 含量变化情况，绘制其随碱液浓度和渗流侵蚀时间的曲面，如图 3-32 所示。

通过图 3-32 可以看出，SiO_2 含量随碱液浓度的增加和渗流侵蚀时间的提高无明显规律性关系。其总体变化范围为 65.9% ～ 63.5%，变化幅度为 2.4%。

3.5.5　化学成分变化机理分析

红土的化学成分以 SiO_2，Al_2O_3，Fe_2O_3 为主，也微量含有 TiO_2 等其他金属氧化物。其中，含量最多的 SiO_2 属于酸性氧化物，次之的 Al_2O_3 属于两性氧化物，常态下均能与 NaOH 发生化学反应。Fe_2O_3 是红土黏聚力的重要来源之一，因铁离子特殊的变价特性，在严格意义上属于两性氧化物，杨华舒认为其一般情况下并不与碱发生反应，但顾季威认

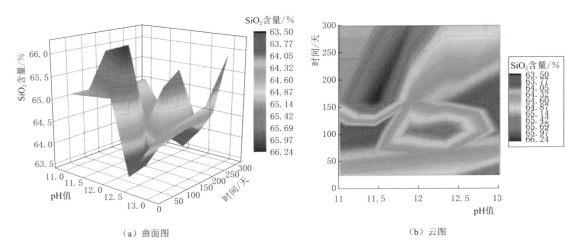

图 3-32 SiO₂ 含量随碱液浓度和渗流侵蚀时间变化曲面图与云图

为其可以与碱性物质发生缓慢化学反应。微量的其他金属氧化物如 CaO、MgO、K₂O、Na₂O 等属于碱性氧化物，对碱性物质不敏感，且含量较小暂不考虑。

综上可知，在有压水土环境中，NaOH 对红土化学成分长期而缓慢的侵蚀主要体现在：

$$Al_2O_3 + 2NaOH = 2NaAlO_2 + H_2O$$
$$Fe_2O_3 + 2NaOH = 2NaFeO_2 + H_2O$$

铁铝质是将片状黏粒矿物以某种结构形式连接并将其包裹形成红土的基本团粒单元的关键物质，其中的铝质主要与 Al₂O₃ 有关，铁质主要与 Fe₂O₃ 有关。NaOH 能与 Al₂O₃、Fe₂O₃ 反应生成可溶解于水中的 NaAlO₂、NaFeO₂，破坏了团粒内部片状黏粒矿物的连接和团粒表面的包裹层，导致团粒摩擦系数降低且离散为更细的颗粒，并被有压渗水逐渐从粗颗粒之间带出。

综上所述，NaOH 对红土进行缓慢侵蚀，使其有效化学成分 Al₂O₃ 和 Fe₂O₃ 产生变异，转变成可溶或微溶于水的粉状非黏性物质，并随着有压渗水流出土体。这三种支撑成分的损失（变异和流失），直接减少了红土中的胶结物质和摩阻物质，降低了颗粒之间的黏聚力和摩擦力，从不同程度上致使土颗粒离散、解构、由粗变细，并出现微架空或细观渗流通道。

3.6　水质变化对红土型坝影响

本书对江西省典型的污染水库水质进行了分析，指出其 pH 值增大水体呈碱性是其特征之一。针对这一现象，利用碱性水模拟水库污水，对典型红土进行了碱水长期侵蚀，并对侵蚀后的红土进行了物理力学性质试验、化学组成分析，以期探讨碱性污水对红土的工程性质影响，从而探讨了水质变化条件下的红土特性研究。

红土性质，特别是力学性质的改变，将对由红土组成的大坝产生较大影响。本章将首先分析碱液对红土的损伤过程，并通过数值模拟和实际工程案例，对经碱液渗流后的红土大坝坝坡稳定性进行分析。

3.6.1　碱液对红土损伤过程

对受碱液损伤后的红土化学成分变化进行研究，通过对红土的化学成分、颗粒组成、微观结构分析后，认为 NaOH 等碱液对红土的损伤可分为三个阶段：

第一阶段表现为红土中的 Fe_2O_3 和 Al_2O_3 等成分不变或稍有降低、红土的颗粒组成无明显变化、微观结构趋向于有序化、红土的强度降低，产生这些现象的原因主要是由于外部环境 pH 值的升高，土颗粒之间的胶结能力减弱，这一阶段出现于碱液渗流侵蚀时间较短的红土土样中。

第二阶段表现为红土中的 Fe_2O_3 和 Al_2O_3 等成分降低、红土中的黏粒含量增加、微观结构趋向于有序化、红土的强度持续降低，产生这些现象的原因是伴随着大颗粒内部的连接强度减弱，部分大颗粒被分解成较小颗粒，这一阶段出现于低浓度碱液渗流侵蚀时间较长的红土土样中。

第三阶段表现为红土中的黏粒含量基本稳定或稍有增长、微观结构有序、较高浓度侵蚀下红土的强度趋于稳定，产生这些现象的原因是由于在碱液的长期侵蚀下，红土中大颗粒逐渐被分解成足够小的颗粒，从而达到红土内部稳定的状态。

总体来说，NaOH 等碱液对红土进行缓慢侵蚀，红土中的环境发生改变，使红土中 Al_2O_3、Fe_2O_3 等倍半氧化物对红土颗粒的胶结作用减弱，同时也使其有效化学成分 Al_2O_3 和 Fe_2O_3 产生变异，转变成可溶或微溶于水的粉状非黏性物质，并随着有压渗水流出土体。伴随着这种化学成分的变化和物质的流出以及红土颗粒胶结作用的降低，造成了红土的物理性质变异。在外界条件确定的情况下，红土的化学成分和颗粒组成决定了其力学特性。在碱液缓慢侵蚀下，红土中的 Al_2O_3 和 Fe_2O_3 逐渐被淋滤，土颗粒之间的连接逐渐减弱，大颗粒转化为小颗粒，部分小颗粒随渗流作用流出土体。颗粒之间连接作用的减弱和小颗粒的流失导致了红土力学性质产生了较大变化。

综上所述，碱液对红土的损伤过程可以简单阐述为：碱液渗流作用改变红土土体的化学成分和土颗粒连接强度，从而导致其物理特征和力学性质变化。红土损伤过程见表 3-8。

表 3-8　　　　　　　　　　　　红 土 损 伤 过 程

损伤阶段	力学参数	化学成分	渗透系数	颗粒组成	微观结构	原因分析
第一阶段	强度降低	Fe_2O_3 和 Al_2O_3 等成分含量不变或稍有降低	降低	红土的颗粒组成无明显变化	微观结构变化不明显	外部环境 pH 值的升高，土颗粒之间的胶结能力减弱，这一阶段出现于碱液渗流侵蚀时间较短的红土土样中
第二阶段	强度持续降低	Fe_2O_3 和 Al_2O_3 等成分含量降低	降低	黏粒含量增加	微观结构趋向于有序化	伴随着大颗粒内部的连接强度减弱，部分大颗粒被分解成较小颗粒，这一阶段出现于低浓度碱液渗流侵蚀时间较长的红土土样中

损伤阶段	力学参数	化学成分	渗透系数	颗粒组成	微观结构	原因分析
第三阶段	较高浓度侵蚀下红土的强度趋于稳定	Fe_2O_3 和 Al_2O_3 等成分含量降低	降低，但当浓度较高时，渗透系数增大	黏粒含量基本稳定，可能有少量细颗粒流失	大颗粒减小，小颗粒增多，微观结构有序	碱液的长期侵蚀下，红土中大颗粒逐渐被分解成足够小的颗粒，从而达到红土内部稳定的状态

3.6.2　强度参数变化下的坝坡稳定性分析

3.6.2.1　模型与计算参数

为了研究由于碱性库水渗流引起的坝体红土强度参数改变，从而导致的大坝边坡稳定性变化，采用 GEO - Studio 建立了一个理想大坝模型，坝高 30m，水位 25.00m，坝顶宽 6m，上下游坝坡均为 1：2.5，其有限元网格如图 3 - 33 所示。

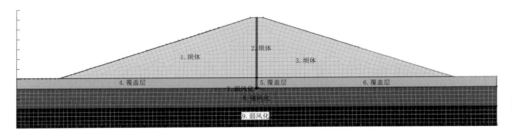

图 3 - 33　理想大坝模型有限元网格

定义的材料计算参数见表 3 - 9。

表 3 - 9　　　　　　　　　　材　料　计　算　参　数

材料	干密度/(kg/m³)	变形(弹性)模量/MPa	泊松比	渗透系数/(cm/s)
坝体土	1600	100	0.3	5.0×10^{-5}

坝体土重度为 19kN/m³，覆盖层 c、φ 值分别为 5.0kPa、30°。

定义的坝体 c、φ 值见表 3 - 4。

3.6.2.2　计算结果

通过计算可以得出坝体在历经红土渗流后，其下游坝坡的安全系数，见表 3 - 10。

表 3 - 10　　　　　　渗流浓度、渗流时间对下游坝坡安全系数影响

pH 值	时间/天	安全系数	c/kPa	φ/(°)	pH 值	时间/天	安全系数	c/kPa	φ/(°)
11	30	1.581	27.9	32	11	210	1.413	23.2	26
11	90	1.552	26.62	31	11	300	1.302	20	22.1
11	150	1.504	28.2	28	12	30	1.502	25.9	28.9

续表

pH 值	时间/天	安全系数	c/kPa	φ/(°)	pH 值	时间/天	安全系数	c/kPa	φ/(°)
12	90	1.473	25.54	27.76	12.7	90	1.291	19	22
12	150	1.415	24.22	25.62	12.7	150	1.209	18	18.9
12	210	1.357	21.7	24	12.7	210	1.136	16	17.7
12	300	1.240	18.2	19.9	12.7	300	0.794	8.9	13.6
12.4	30	1.468	24.9	27.78	13	30	1.173	14.6	19.2
12.4	90	1.395	22.6	25.4	13	90	0.770	10	12.6
12.4	150	1.336	21.2	23.2	13	150	0.726	9.4	11.9
12.4	210	1.287	19.6	21.5	13	210	0.688	8.7	11.4
12.4	300	1.013	14	16	13	300	0.513	5.7	8.9
12.7	30	1.298	18.7	22.5					

通过表 3-10 可以看出：随着渗流时间的增加和浓度的提高，红土的强度参数 c、φ 值减小，从而导致坝坡安全系数降低。根据 SL 274—2020《碾压式土石坝设计规范》，正常蓄水位时，其边坡安全系数应不小于 1.3。当 pH=11、渗流时间为 300 天时，边坡安全系数为 1.302，已经处于临界值；而当 pH=12、渗流时间为 300 天时，边坡安全系数为 1.240，小于安全系数，说明边坡处于不安全状态。随着渗流碱液浓度的提高，边坡处于安全状态的时间缩短。

值得说明的是，根据现有实测结果表明，被污染的水库 pH 值一般不会超过 11，因此本书只是反映了在一定碱液浓度下的碱液对红土大坝的"加速"侵蚀破坏。自然条件中，这种侵蚀破坏的速度更加缓慢。

3.7　本　章　小　结

为了研究水体恶化（富营养化）后所表现的碱性污染水在长期渗流侵蚀的作用下对红土的物理、物理力学性质的影响，对不同碱液浓度、不同渗流时间的红土土样进行了三轴剪切试验，并对试验后的土样进行了物理性质及化学成分组成变化分析。通过对一个受污染较重的水库大坝土样分析，验证了本书所取得的成果。

取得的主要结论如下：

（1）对江西省的典型红土进行了取样分析，结果表明：江西省红土的液限一般为 40%~50% 之间，塑限多为 20%~25% 之间。随着纬度升高，液限、塑限及塑性指数均有缓慢降低趋势。红土化学成分组成中，除江西省南部地区外，红土中 Fe_2O_3 含量一般不超过 10%，Al_2O_3 含量一般为 15%~20%。各地区红土的 Al_2O_3 含量无明显差别，红土中 Fe_2O_3 含量显示出赣南高于赣北现象，说明"脱硅富铁铝"程度从南部向北部逐渐减弱。

对江西省几座水质较差的水库水质进行了调查分析，试验结果表明：所调查的几座水库的水质均为劣 Ⅴ 类水，其化学需氧量 COD、总磷、总氮、氨氮等参数均超出规范限定值，pH 值一般大于 9。

（2）红土在经历碱液渗流的影响后，应力-应变本构关系均呈双曲线型，在相同的浓度、围压条件下，渗流时间越长，碱液浓度越大，红土的强度越低，说明碱液渗流侵蚀对土体的强度存在较大影响。

在不同碱液渗流条件下，强度参数 c、φ 均随着碱液浓度的增加而减小。通过对邓肯-张模型的参数的定量分析，推定了 pH $=$ 11 条件下的红土 E_t 在不同渗流时间下的定量表达式。

（3）黏粒含量与渗流时间总体上和碱液浓度呈正相关性，即在碱性溶液的渗流侵蚀下，黏粒含量随时间及碱液浓度的增加而提高。未经碱液渗流的红土存在明显的大颗粒结构，颗粒之间存在较大空隙。经碱液渗流后，土体颗粒变小，呈有序状态排列。

随着碱液浓度的增加和渗透淋滤时间的增长，红土土样的液限及塑限随碱液浓度、淋滤时间变化无明显规律，但总体呈降低趋势。

碱液渗流作用对渗透系数存在影响，但碱液浓度的不同对红土渗透系数的影响存在差异性：碱液浓度较低时，渗透系数随时间的增长缓慢减小；碱液浓度较高时，渗透系数先迅速减小，在经历一段时间后，又缓慢上升。

（4）Al_2O_3 和 Fe_2O_3 含量随碱液浓度的增加和渗流侵蚀时间的提高呈波动减小的趋势。其总体变化幅度较小，总体来看，低值出现在被较高浓度碱液长时间侵蚀后的红土土样中。SiO_2 含量随碱液浓度的增加和渗流侵蚀时间的提高无明显规律性关系。

通过分析，认为 NaOH 对红土进行缓慢侵蚀，使其有效化学成分 SiO_2、Al_2O_3 和 Fe_2O_3 产生变异，转变成可溶或微溶于水的粉状非黏性物质，并随着有压渗水流出土体。

（5）总结了碱液对红土的损伤过程，指出其可以简单阐述为：碱液渗流作用改变红土土体的化学成分和土颗粒连接强度，从而导致其物理特征和力学性质变化。

参 考 文 献

［1］李淑琴. 污水对水工建筑物的腐蚀及防护对策［J］. 水利建设与管理，2010（4）：61-63.

［2］常春平，朱建军，李国东，等. 河北省水环境恶化对水工建筑物安全的影响及对策探讨［J］. 河北师范大学学报（自然科学版），2002，26（5）：527-530.

［3］顾季威. 酸碱废液侵蚀地基土对工程质量的影响［J］. 岩土工程学报，1988，10（4）：72-78.

［4］李琦，施斌，王友诚. 造纸厂废碱液污染土的环境岩土工程研究［J］. 环境污染与防治，1997，19（5）：16-18.

［5］杨华舒，杨宇璐，闫毅志，等. 碱性固化材料对红土地基的化学侵蚀［J］. 建筑材料学报，2013，16（1）：159-163，179.

［6］任礼强. 碱污染红土的宏微观特性研究［D］. 昆明：昆明理工大学，2014.

［7］张晓璐. 酸、碱污染土的试验研究［D］. 南京：河海大学，2007.

［8］刘霞. 密云水库水体富营养化研究［D］. 北京：首都师范大学，2001.

［9］申开旭，申时斌，宋大恩. 渔洞水库 pH 值异常成因分析及水资源保护建议［J］. 环保科技，2014，20（1）：34-38，45.

［10］朱海燕，戴学颖，王可玉. 于桥水库 pH 值变化原因分析及可调控措施［J］. 水科学与工程技术，2010（1）：40-42.

[11] 王静. 北京官厅水库主要水质指标空间分布及人工湿地修复效果研究 [D]. 北京：中国林业科学研究院，2012.

[12] 李钟玮，魏云慧，柳森，等. 干旱季节水库水质 pH 值增高原因探析 [J]. 环境科学与管理，2007，32 (2)：80 - 81，84.

[13] 王志红，崔福义，韦朝海，等. 局部湖区两种藻类藻生物量的综合因子预测模型 [J]. 环境科学学报，2006，26 (8)：1379 - 1385.

[14] 钟成华，李富宇，周勤，等. 巴东官渡汇流口网箱养鱼对附近水域水质的影响 [J]. 长江流域资源与环境，2011，20 (9)：1114 - 1119.

[15] 何玛峰. 陡河水库的水质演变机理 [J]. 水资源保护，1997 (4)：37 - 41，62.

[16] Krishnan R，Parker H W，TOCK R W Electode assisted soil washing [J]. Journal of Hazardous Materials，1996，48 (1/3)：111 - 119.

[17] EI Hjeldnes，SK Bretvik，KA Skoglund，S Hylen. An Experimental Study of Oil Contamination Spreading in Sand [J]. American Historical Review，2011. 81 (5)：373 - 388.

[18] Castellini E，Berthold C，Malferrari D，et al. Sodium hexametaphosphate interaction with 2：1 clay minerals illite and montmorillonite [J]. Applied Clay Science，2013 (83/84)：162 - 170.

[19] Jin K S，Huang Y，Chen X N. The Study of Strength and Characteristics of Compression to Ferrous Sulfate Erosion Laterite [J]. Advanced Materials Research，2014 (1030/1032)：957 - 960.

[20] 程昌炳，徐昌伟，孔令伟，等. 天然针铁矿胶结土样与盐酸反应的化学动力学及其力学特性预报 [J]. 岩土工程学报，1995，17 (3)：44 - 50.

[21] 汤连生，刘增贤，黄国怡，等. 红土中含铁离子物质的化学行为与力学效应 [J]. 水文地质工程地质，2004，31 (4)：45 - 49.

[22] Mulhare M J，Therrien P J. Comparison of field and laboratory methods for the characterization of contaminated soils [J]. Geotechnical Special Publication，1995，46 (1)：16 - 27.

[23] 李相然，姚志祥，曹振斌. 济南典型地区地基土污染腐蚀性质变异研究 [J]. 岩土力学，2004，25 (8)：1229 - 1233.

[24] Huang Y，Bo T Z，Jin K S，et al. The Research of Shear Strength and Micro - Structural Characteristics of Acid Pollution Laterite [J]. Applied Mechanics and Materials，2013 (405/408)：566 - 570.

[25] 朱春鹏，刘汉龙，沈扬. 酸碱污染土强度特性的室内试验研究 [J]. 岩土工程学报，2011，33 (7)：1146 - 1152.

[26] 王栋，白晓红，牛小玲，等. 碱性环境污染土的试验研究 [D]. 太原：太原理工大学，2009.

[27] 相兴华，韩鹏举，王栋，等. NaOH 和 NH₃·H₂O 环境污染土的试验研究 [J]. 太原理工大学学报，2010，41 (2)：134 - 138.

[28] 陈锐. 红土坝基水工特性劣化研究 [D]. 昆明：昆明理工大学，2010.

[29] 李晋豫. 碱性物质对红土大坝破坏机理的试验研究 [D]. 昆明：昆明理工大学，2012.

[30] 杨华舒，杨宇璐，魏海，等. 碱性材料对红土结构的侵蚀及危害 [J]. 水文地质工程地质，2012，39 (5)：64 - 68.

[31] 杨华舒，杨宇璐，闫毅志，等. 碱性固化材料对红土地基的化学侵蚀 [J]. 建筑材料学报，2013，16 (1)：159 - 164.

[32] 杨华舒，魏海，杨宇璐，等. 碱性材料与红土坝料的互损劣化试验 [J]. 岩土工程学报，2012，34 (1)：189 - 192.

[33] 王毅. 酸碱侵蚀下红土的工程特性与受损化学成分的关系研究 [D]. 昆明：昆明理工大学，2014.

[34] 刘之葵，李永豪. 不同 pH 值条件下干湿循环作用对桂林红黏土力学性质的影响 [J]. 自然灾害学报，2014，23 (5)：107 - 112.

［35］ 赵雄. 化学溶蚀作用下红黏土微细结构的变化规律［J］. 交通科学与工程，2015，31（1）：33-38.

［36］ 周训华，廖义玲. 红粘土颗粒之间结构连结的胶体化学特征［J］. 贵州工业大学学报（自然科学版），2004，33（1）：26-29.

［37］ 杨小宝，黄英，潘泰. 磷污染红土的受力特性研究［J］. 水文地质工程地质，2016，43（1）：143-148，170.

［38］ 周训华，廖义玲. 红黏土颗粒之间结构连结的胶体化学特征［J］. 贵州工业大学学报（自然科学版），2004，33（1）：26-29.

［39］ 任礼强，黄英，樊宇航，等. 碱污染红土的抗剪强度特性及碱土作用特征研究［J］. 水文地质工程地质，2014，41（5）：75-81.

［40］ Ogunsanwo O. Influence of sample preparation and mode of testing on the shear strength characteristics of laterite soils from Southwestern Nigeria［J］. Bulletin of Engineering Geology and the Environment，1993. 47（1）：141-144.

第4章 双向循环荷载作用下红土的动强度特性

4.1 国内外研究现状

大量对红土原位力学试验的研究结果表明，土体结构、颗粒组成、裂隙、赋存条件及含水率很大程度上影响着红土的力学性质[1-5]，龙万学等指出非饱和红黏土抗剪强度与含水率之间存在指数函数关系，孔令伟等发现含水率增大，压实红黏土的应力-应变关系由软化型向硬化型转化。

刘晓红等[6-9]以武广高铁沿线石灰岩类红黏土为研究对象，研究动剪切模量和阻尼比特性，通过研究发现：动剪切模量随着动应变的增大非线性减小，阻尼比随着动应变增大非线性增大。红黏土动本构关系符合双曲线模型，随动应变增大动模量非线性减小，红黏土的动模量与围压、固结比正相关，与含水比负相关。动强度与围压和固结比正相关，随循环振次增加，动强度近似线性减小，动模量与围压、固结比正相关，随动应变增大非线性减小。

骆俊晖[10]以海口红黏土为研究对象，进行室内动三轴试验，研究固结应力、振动次数、动剪应力比、超固结比这四种因素分别对红黏土的动力特性的影响，分析红黏土的动强度和动变形特性，以及动孔隙水压力的变化规律，通过计算得出本构模型的动力学参数，分析静、动力特性的区别与联系。研究发现：海口红黏土的孔隙水压力符合张建民模型，动强度得到的动黏聚力是静黏聚力的1.17倍，静、动内摩擦角基本不变。

章敏等[11]以长沙红黏土为研究对象，进行单桩轴向循环振动的模型试验，通过研究发现：剪切模量比与振动次数的对数近似呈线性衰减，大应变幅值下，衰减更明显。

周健等[12]以海运红黏土镍矿为研究对象，利用动三轴仪，研究含水率、固结度、动应力对其动力特性的影响，结果表明：含水率和固结度是影响红土镍矿动力特性的重要因素，随含水率升高，累积孔压增大，含水率超过临界含水率，累积孔压产生突变，红黏土镍矿土样动强度减小，发生破坏，随动应力增大，累积孔压增大，随固结度增加，动强度提高。

李光范等[13]以海口原状红土为研究对象，进行室内动三轴试验研究其动力特性，研究发现：循环应力比相同时，孔隙水压力随循环次数的增加而增加，土样变形速率和孔压上升幅值随围压的增大而减小，正常固结和欠固结状态下的红黏土土样，孔隙水压力为正并且随着循环振动次数的增加而升高，超固结状态下的红黏土土样，初始孔压为负值，随循环振动次数的增加变为正值并逐渐增加，超固结比越大，初始负孔压越小，土体抵抗破坏的能力越强。

李剑等[14]对红黏土进行共振柱试验，研究发现：应变较小时，$G - \gamma$曲线的曲率随围压的增大而减小，趋近于直线，小应变幅值下，随固结应力的增加，动剪切模量增大，相比原状样，重塑红黏土样的动模量衰减速度更慢，阻尼比更小，初始动剪切模量更大。

阳卫红[15]以南昌红黏土为研究对象，进行室内动三轴试验，研究其动力学特性，研究结果表明：随固结应力的增大和固结比的减小，土样破坏动强度逐渐增大，土样的动内摩擦角随固结比的增大而增大，但动黏聚力随固结比的增大却有减小的趋势，比较静、动状态下的抗剪强度指标，发现南昌红黏土的动黏聚力较小，动内摩擦角较大，随初始剪应力比的减小和固结应力、固结比的增大，南昌红黏土的抗液化能力减弱。

李剑等[16]以重塑非饱和红黏土为研究对象，进行室内动三轴试验，研究应力历史对红黏土动力学特性的影响规律，通过研究发现：在不超过重塑红黏土的强度范围内，土体的动强度和动弹性模量会随着土体压实度、固结围压、固结比、振动频率的升高而表现出增大的趋势，并且压实度和固结围压的增大作用更明显，随动应变的增加，动模量会迅速衰减，推导得到应力历史与动强度、最大动弹性模量的经验公式。

穆坤等[17]以广西上林原状红黏土为研究对象，进行动三轴试验，研究含水率、围压、固结比等对红黏土动应力-应变关系曲线、动弹性模量、阻尼比的影响，研究发现：土样的动应力-应变关系曲线近似为双曲线，随着动应变的增加，动弹性模量逐渐减小，并且减小的幅度逐渐降低，动弹性模量受初始应力状态的影响更明显，阻尼比受含水率、围压、固结比、循环振次的影响，试验得出的阻尼比数值表现出较大的离散性，在 0.05～0.20 之间变化。

综合以上研究成果可以看出：在复杂动荷载条件下，特别是双向动荷载作用下对土体动力特性的研究还未大量展开。

中国红土带的分布十分广泛，分布地区的地质灾害频发，红土地区在动荷载（包括地震荷载、湖泊水库波浪荷载、交通荷载）的作用下产生的各种灾害，会给人们的生命财产安全造成巨大的威胁，也严重影响着经济社会的快速稳步发展。例如，交通工具产生的振动荷载具有作用时间和作用周期较长等特点，可能使土体产生一定的软化、破坏、震陷现象。这些动荷载（地震荷载、交通荷载、海浪荷载、爆炸引起冲击荷载、机器振动荷载等）作用引起地基振动，当地基土体的动强度和变形不能承受由于地基振动而产生的动应力和变形时，地基就会破坏；同时地基的振动也会引起上部结构物的振动，当结构物的强度和变形能力不能承受由于振动而产生的内力和变形时也会使上部结构物发生振动破坏，所以动荷载作用下对土体强度和变形的研究就显得很有必要，不可忽视。

4.2　试验仪器及研究方法

4.2.1　试验土样的物理性质及土样制备

4.2.1.1　试验土样的物理性质

本试验所需用土取自江西省抚州市东乡区一土质边坡小型滑坡现场，取土深度在地表面以下 3～4m 范围内，为保证土样性质的一致性，土样均取自同一土层，如图 4-1 所示。取土后进行了一系列室内物理试验，测定土样的基本物理指标。土体的天然干密度为 $1.47g/cm^3$，用烘干法测得天然含水率为 19.6%。通过轻型击实试验测得最大干密度为 $1.67g/cm^3$，最优含水率为 19.8%，通过联合液塑限测定法试验，得到土样的液限和塑限分别为 44.1% 和 25.3%。用比重瓶法测得土的比重为 2.69。试验用土的基本物理指标见表 4-1。

图 4-1　取土地点

对于不同地区、不同深度的土体，其密度和含水率不尽相同，也会使得其动力特性有所不同。在实际工程中，为保证地基土体具有足够的承载能力，一般会通过击实、强夯、碾压等方法处理地基土体，使其密度很大几乎接近其最大干密度，以此确保工程的安全。在土体含水率接近最优含水率时更易于压实，所以确定最大干密度和最优含水率对实际工程具有重要意义，也是实际工程的重要质量指标。为探究试验用土的最优含水率及最大干密度，对土料进行了室内击实试验。本次试验采用了标准击实试验法，相关试验数据见表 4-2。

表 4-1　　　　　　　　　　　试验用土的基本物理指标

液限/%	塑限/%	塑性指数/%	按塑性图分类	颗粒组成/%		
				>0.075mm	0.005～0.075mm	<0.005mm
44.1	25.3	18.8	CL	4.12	84.17	11.71

表 4-2　　　　　　　　　　标准击实试验数据

序号	含水率/%	干密度/(g/cm³)	序号	含水率/%	干密度/(g/cm³)
1	17.11	1.578	4	22.65	1.639
2	18.85	1.657	5	24.54	1.570
3	19.98	1.673			

4.2.1.2　土样制备

本试验所用土样为实心圆柱体土样，直径为 39.1mm，高度为 80mm。土样尺寸及受力示意图如图 4-2 所示，红土土样成品图如图 4-3 所示。

在实际工程中地基土多为重塑土体，所以本试验均采用重塑土样，也可以更好地保证土样的各向同性性质，重塑土样的压实度为 95%，其干密度为 $1.59g/cm^3$。土样的制备

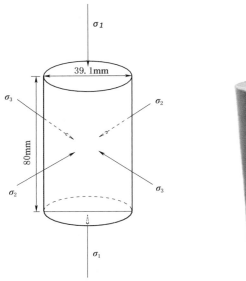

图 4-2　土样尺寸及受力示意图　　　　图 4-3　红土土样成品图

步骤如下：

（1）首先将取回的土料在室外进行晾晒，让其自然风干到含水率较低状态以利于过筛。

（2）将风干后板结的土料碾碎，过孔径为 2mm 的方孔土工筛，并用塑料袋密封保存，确保其含水率保持不变。

（3）对过筛土料用烘箱法测定其含水率，使土料含水率达到试验设计含水率所需用水量为

$$m_{水} = \frac{m_{土}}{1 + w_0}(w - w_0) \tag{4-1}$$

式中　$m_{水}$——所需用水量；

　　　$m_{土}$——土料质量；

　　　w_0——土料含水率；

　　　w——目标含水率。

从密封袋中称取一定量土料，分层放入配土所用铝盆里，然后将配土所需用水用可以喷射出雾状小水滴的喷壶分层喷洒于土料中，不断搅拌、拌和土料，使土料浸水均匀。在配土过程中，喷水和搅拌应小心操作，以免小水滴和土料迸撒出铝盆，尽量减小人为误差。拌和结束后将配成设计含水率的土料放入塑料袋中密封，静置 24h 之后用于制样。

（4）根据试验设计的压实度、土料含水率，计算出每个土样土料的质量为

$$m = \rho_0 v(1 + w) \tag{4-2}$$

式中　　m——土样质量；

　　　　ρ_0——土样干密度；

　　　　v——土样体积。

计算得出土样所需土料质量之后，为了使土样制备均匀，将土料均分四次称量并装入制样器中分层压制。为了使土样每层之间有效连接，保持土样较好整体性，防止层间出现明显的分层现象，装入下一层土料之前，在每一层的接缝处表面用小刀刮毛充分。在每层土料压制之后，静置 $2\sim3\text{min}$，使土料变形稳定，防止土样回弹。按照上述方法依次循环进行，直至最后一层土料压制完成。

（5）压制完土样之后，迅速地用保鲜膜将压制好的土样包裹严密，贴上分类标签，放入养护缸中养护 24h 后用于试验。

4.2.2　试验仪器

本试验中所用试验仪器为 SDT-20 型微机控制电液伺服土动三轴试验机（简称 SDT-20型土动三轴试验机），试验仪器如图 4-4、图 4-5 所示。该试验仪器可以用于细粒土、砂土、岩浆等材料的动强度试验和动变形试验，也可以用于测定细粒土、砂土的总抗剪强度和有效抗剪强度参数以及阻尼比、动模量等动力学参数。试验仪器采用计算机多通道闭环数字控制，测量精度、控制程度均较高。并且根据不同的排水条件该仪器可以进行不固结不排水三轴剪切试验（UU）、固结不排水三轴剪切试验（CU）、固结排水三轴剪切试验（CD）、液化类型试验等。

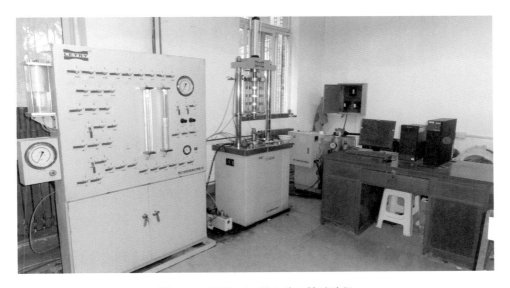

图 4-4　SDT-20 型土动三轴试验机

SDT-20 型土动三轴试验机主要由七大部件组成，分别为轴向加载机构及框架、围压施加机构、压力室、汽和水施加管路系统、液压油源、电气控制部分、微机显示及控制与数据处理部分。

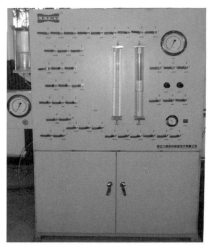
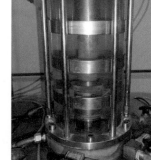

（a）汽和水施加管路系统　　　　　　　　（b）压力室

（c）液压油源　　　　　　　　　　　　（d）空压机

（e）数据采集及电气控制系统

图 4-5　SDT-20 型土动三轴试验机主要部件图

4.2.3 试验方案与试验步骤

4.2.3.1 试验方案

1. 具体研究内容

（1）在含水率、固结比、侧向循环应力幅值（0kPa）、相位差（0°）不变的情况下，控制固结围压分别为100kPa、200kPa、300kPa，进行固结不排水动三轴试验，分析固结围压对红土动强度的影响。

（2）在固结围压、固结比、侧向循环应力幅值（0kPa）、相位差（0°）不变的情况下，控制含水率分别为17.5%、20.5%、23.5%、25.5%，进行固结不排水动三轴试验，分析含水率对红土动强度的影响。

（3）在固结围压、含水率、固结比、相位差（0°）不变的情况下，控制侧向循环应力幅值分别为20kPa、40kPa、60kPa，对重塑红土土样进行固结不排水动三轴试验，分析侧向循环应力幅值对红土动强度的影响。并对比单、双向动荷载下红土的动强度的发展规律，并分析其有差异或无差异的原因。

（4）在固结围压、含水率、固结比、侧向循环应力幅值不变的情况下，控制相位差分别为0°、45°、90°、135°、180°、225°、270°、315°，对重塑红土土样进行固结不排水双向动三轴试验，分析相位差变化对红土动强度的影响。

（5）结合（1）~（4）对比分析不同相位差下红土动强度变化规律，找出对红土最不利的工程状况。

2. 具体方案

本书拟在双向动荷载耦合条件下研究不同含水率、侧向动荷载幅值、轴向动荷载与侧向动荷载之间的相位差对红土的动强度的影响。整体试验分为两部分，分别为同相位部分和变相位部分，具体方案如下：

（1）同相位试验。同相位试验部分轴向动荷载和侧向动荷载之间的相位差为0°，主要目的是探究固结围压变化、含水率变化，以及侧向动荷载幅值变化对土体的动强度影响。该部分试验又可以分为单向、双向振动三轴试验，单向振动三轴试验是在不同含水率、不同固结围压下进行的均压固结不排水剪切试验，双向振动三轴试验是在不同含水率、不同固结围压以及不同侧向动荷载幅值下进行的均压固结不排水剪切试验。具体的试验方案见表4-3。

表4-3　　　　　　　　　　　同相位试验方案一览表

固结围压/kPa	含水率/%	相位差/(°)	径向循环应力幅值			
			单 向		双 向	
			0kPa	20kPa	40kPa	60kPa
100	17.5	0	√	√	√	√
	20.5		√	√	√	√
	23.5		√	√	√	√
	25.5		√	√	√	√

续表

固结围压/kPa	含水率/%	相位差/(°)	径向循环应力幅值			
			单　向		双　向	
			0kPa	20kPa	40kPa	60kPa
200	17.5	0	√	√	√	√
	20.5		√	√	√	√
	23.5		√	√	√	√
	25.5		√	√	√	√
300	17.5	0	√	√	√	√
	20.5		√	√	√	√
	23.5		√	√	√	√
	25.5		√	√	√	√

（2）变相位试验。变相位试验拟在探求在双向振动荷载作用下，轴向动荷载与侧向动荷载之间不同相位差对饱和红土的动强度的影响。该部分试验主要是在不同固结围压、不同相位差下的均压固结不排水双向振动三轴试验。具体的试验方案见表 4-4。本书试验，对于轴向动荷载幅值采用经验预估法确定，即是在试验前，先预估三个轴向动荷载幅值，使三个土样达到破坏标准，破坏振次 N_f 分别在以下范围内：$0 < N_f < 10$，$10 < N_f < 100$，$100 < N_f < 1000$。

表 4-4　　　　　　　　　　变相位试验方案一览表

固结围压/kPa	含水率/%	相位差/(°)	径向循环应力幅值		
			20kPa	40kPa	60kPa
100	25.5	0/45/90 /135/180	5×√	5×√	5×√
300	25.5	0/45/90 /135/180	5×√	5×√	5×√
200	25.5	0/45/90/135/180/225 /270/315	8×√	8×√	8×√

4.2.3.2　试验步骤

试验主要模拟地震荷载、车辆荷载等动荷载作用对红土的动强度影响，因为这些动荷载作用时间较短，尤其是地震荷载，对黏土地基土体而言，动荷载作用时来不及排水，所以本试验在固结不排水剪切条件下进行。根据不同的试验情况，试验主要分为以下几个步骤：

（1）装样。对于非饱和土样，从养护箱中取出事先制备好的土样，小心套入橡皮膜后装在试验机上准备试验。对于饱和土样，从养护箱中取出土样后，将其装入饱和器再放入无水的抽气缸中进行抽气，当真空度接近缸外 1 个大气压后，继续抽气 1h，再缓慢注入沸腾后的清水，并保持真空度稳定，使饱和器完全被水淹没，继续抽真空 1h，之后关闭抽真空饱和仪，并释放抽气缸内的真空，土样在水中静置 24h，可以使土样近乎饱和。饱和的土样在试验前需要进行孔隙水压力检测，定义孔隙水压力 u 和侧向压力 σ_c 的比值为孔隙水压力系数 B，即 $B = u/\sigma_c$。增加各向均等压力 $\Delta\sigma_c$，测定孔隙水压力增量 Δu 值，可

以得到 $B=\Delta u/\Delta \sigma_c$，若 $B<0.95$，则认为土样没有达到饱和度要求，需要继续在 SDT - 20 型土动三轴试验机上施加反压进行饱和，直至 $B>0.95$ 时才满足要求。然后准备试验，测得饱和土样含水率为 25.5%。

（2）固结。装样完成后，按照试验方案的设定施加固结围压对土样进行固结。对于不同的固结围压，采用不同的加载时间，为了避免在固结围压加载过程中，由于加载速率过快使土样拉坏，所以固结围压为 100kPa 时加载时间设定为 5min，200kPa 时加载时间为 10min，300kPa 时加载时间为 15min。在整个固结围压加载的过程中，保持轴向应变不变，由于试验是等压固结方式，围压加载到设定值后，需要补充加载轴向力到与围压对应的数值，100kPa 时补充加载时间为 1min，200kPa 时为 2min，300kPa 时为 3min。土样固结开始后每间隔 10min 记录一次轴向应变数值，直到在 30min 内土样的轴向变形量小于 0.01mm，认为土样固结稳定，固结过程结束。

（3）激振试验。固结完成后，关闭与压力室连接的排水阀，保证试验过程中土样处于不排水状态。通过电脑控制进行双向或单向激振，对土样施加简谐动荷载，所施加荷载波形均为正弦波，振动频率为 1Hz。

（4）记录数据。待土样达到破坏标准，试验自动停止，在电脑上记录并整理数据。

（5）卸样。将破坏试样卸下，清洗擦干压力室，试验结束。

本书所有试验均为一级加载试验，给定一个合适的轴向动荷载幅值，在试验过程中，轴向和侧向上的动荷载幅值一直保持恒定不变，直到轴向应变达到破坏标准（本书破坏标准为 5%）认为土样破坏。

4.3 双向循环荷载作用下红土的动强度特性

动强度作为土体动力特性的重要力学指标之一，也是土动力学研究的重要内容，具有十分重要的研究价值和实际意义。土体在动荷载作用下的动强度值关系到工程建筑物的稳定和安全使用，不仅可以直接体现土体承载能力大小，也可以在工程抗震设计中提供一定的参考。现阶段人们对土体动强度的研究多集中在单向循环荷载作用下的情况，在双向循环荷载和多向以及更为复杂的循环荷载作用下的研究还较少，特别是在双向循环动荷载作用下对红土进行的动三轴试验研究。

在动荷载作用下，随循环振次的不断增大，土体的变形和强度总是经历轻微变化、明显变化和急速变化三个阶段，如图 4-6 所示，将三个阶段分别称为振动压密、振动剪切和振动破坏阶段[18]。

在动荷载作用下，轴向（侧向）循环应力与循环振次、轴向应变与循环振次以及轴向循环应力与轴向应变之间的关系分别如图 4-7～图 4-9 所示。

由图 4-7～图 4-9 可以看出，在动三轴试验中，轴向循环应力和侧向循环应力一直以试验设定的正弦波形式施加在土样上，波形不随振动次数发生改变。循环振动次数的不断增加，使得轴向应变随之逐渐增大，在累积应变增加的过程中逐渐形成喇叭口形状。由应力-应变滞回圈可以看出，在动强度试验过程中，应力幅值始终保持不变，而应变逐渐增大，滞回圈面积也逐渐增大并随顺时针转动而逐渐倾斜。

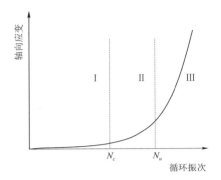

图 4-6 动荷载作用下土体变形发展的
三个阶段

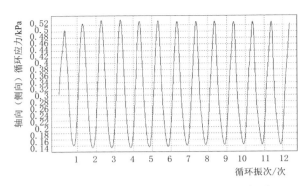

图 4-7 轴向（侧向）循环应力与循环振动
次数关系

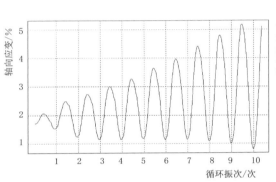

图 4-8 轴向应变与循环振动次数关系

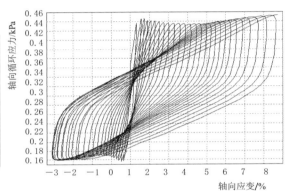

图 4-9 轴向循环应力与轴向应变关系

4.3.1 单向循环荷载作用下红土的动强度

4.3.1.1 固结围压对红土动强度影响

在同相位试验中有单向和双向循环荷载加载试验，试验均是在围压为 100kPa、200kPa、300kPa 下完成，在每个围压下分别进行侧向循环应力幅值为 0kPa、20kPa、40kPa、60kPa 的三组动三轴试验，其中，侧向循环应力幅值为 0kPa 时是单向动三轴试验，为 20kPa、40kPa、60kPa 时是双向动三轴试验，试验所用土样的含水率有四个变量，分别为 17.5%、20.5%、23.5%、25.5%，其中 25.5% 为饱和土样的含水率。轴向循环应力幅值的设置，在试验中采用经验预估法，每个变量下预估三个轴向循环应力幅值，使破坏循环振次 N_f 分别在 1~10 次、10~100 次、100~1000 次范围内使土样到达破坏标准。单向循环循环荷载振动试验中，不同固结围压下土体的动强度随循环振动次数变化而变化的关系曲线如图 4-10 所示。

由图 4-10 可以看出，随循环振动次数的增大，土体的动强度逐渐减小，这是循环效应的作用结果。在含水率为 17.5% 时，100kPa 围压下动强度在 110~130kPa 范围内，300kPa 围压下动强度在 170~200kPa 范围内，而 200kPa 围压下动强度曲线在两者之间，

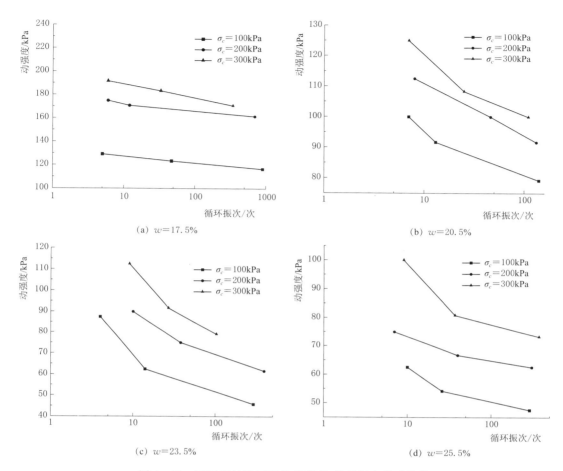

图 4-10　不同固结围压下的动强度-循环振次关系曲线

大小在 160～180kPa 范围内。其他含水率情况下，也有相似变化趋势。

由图 4-10 还可以看出，在同一破坏振次下，动强度随固结围压的增大而增大；在同一动强度下，固结围压越小，土样达到破坏时所需循环振次越小。对于不同的含水率，动强度曲线均表现出相同的变化趋势，究其原因，当固结围压越大时，土体就越密实，土颗粒之间距离越小，颗粒间相互的摩阻力和咬合力也就越大，使土体破坏所需要的能量和振动次数也就越多，体现出的动强度也就越大。

4.3.1.2　含水率对红土动强度影响

含水率变化会直接影响土体的动强度，不同含水率下动强度与循环振动次数之间的关系曲线如图 4-11 所示。

由图 4-11 可以看出，动强度曲线随着循环振次的增加而缓慢减小，也体现出了循环效应的作用。相同动强度下，含水率越大所需要的破坏循环振动次数越小。当含水率为 17.5％时，相比其他三个较大的含水率而言，动强度随循环振次增加而减小的速度较慢、变化幅度相对较小，其中固结围压为 100kPa 时，其动强度在 120～130kPa 范围内，且随着固结围压的增大动强度变化范围也在增大。在同一破坏循环振次下，含水率越大，对应

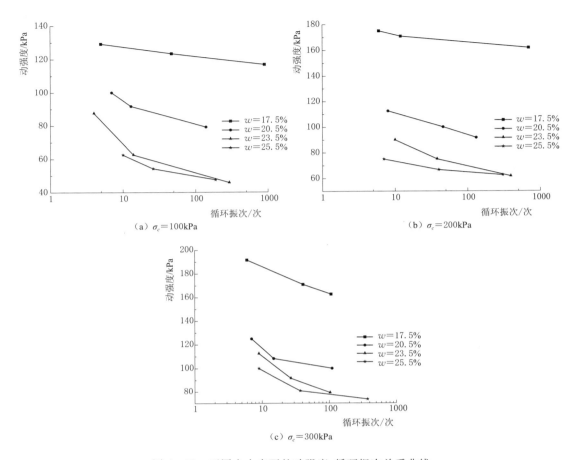

图 4-11   不同含水率下的动强度-循环振次关系曲线

的动强度越小，这是因为当含水率较大时，土体颗粒间孔隙被水填充的比率就较高，土颗粒被自由水膜包围，在动荷载作用下，水膜的存在增大了颗粒间的润滑作用，颗粒间的摩阻力和咬合力就会减小甚至丧失，颗粒间的胶结作用力也会因为胶结物的溶解而减小，从而使得达到相同的应变所需的动剪应力较小，表现出的动强度随着含水率的增大逐渐减小。

图 4-11 （a）、（b）、（c）均表现出含水率为 17.5% 时的动强度明显高于其他三个含水率对应的动强度，且随着含水率增大相邻两个含水率之间动强度的差距越来越小，含水率为 23.5% 和 25.5% 时的动强度较为接近，这就说明随含水率的增大，动强度降低的速率和幅值越来越小，最后趋于稳定，以致于随含水率的增大其对动强度影响越来越小。

4.3.2   双向无相位差循环荷载作用下红土的动强度

轴向与侧向循环动荷载之间无相位差即是两者的相位差为 $0°$，此时在 $p-q$ 平面内（p 为平均主应力，q 为偏应力），两者对应的应力路径和应力路径斜率如图 4-12 所示。

由图 4 - 12 可以看出，相位差为 0°时，应力路径为一直线。对本试验而言，两者无相位差时就是在轴向和侧向上，循环动应力同时达到最大幅值和最小幅值。侧向循环应力幅值分别为 20kPa、40kPa、60kPa。

4.3.2.1　固结围压对红土动强度影响

如图 4 - 13 所示为含水率为 17.5％时，不同侧向循环动应力幅值下（σ_{3d} 分别为 0kPa、20kPa、40kPa、60kPa），固结围压对土体动强度的影响曲线，即不同固结围压下，45°剪切面上动剪应力与循环振次的关系曲线。其中，$\sigma_{3d}=0$kPa 时的图 4 - 13 (a) 为单向激振条件下各固结围压对应的动强度曲线。

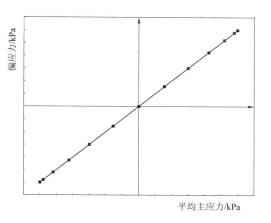

图 4 - 12　双向无相位差循环应力作用下动三轴的应力路径示意图（$\varphi=0°$）

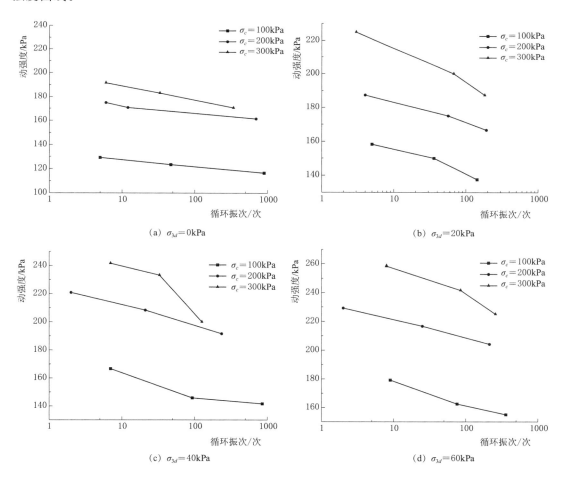

(a) $\sigma_{3d}=0$kPa

(b) $\sigma_{3d}=20$kPa

(c) $\sigma_{3d}=40$kPa

(d) $\sigma_{3d}=60$kPa

图 4 - 13　不同固结围压下的动强度-循环振次关系曲线（$w=17.5\%$）

由图 4-13 可以看出，固结围压对土体动强度的影响和单向循环动三轴试验一样，随着循环振次的增加，动强度曲线呈减小趋势，体现出了循环效应的作用效果。在同一动强度下，围压越大，所需的破坏振次越多，反之，围压越小，所需的破坏振次越少；在同一振动次数下，围压越大对应的动强度越大。不同的侧向循环动应力幅值下，动强度曲线表现出相同的变化趋势。在侧向循环动应力幅值为 20kPa 情况下，$\sigma_3 = 100$kPa 时，动强度曲线在 140~160kPa 范围内变化；$\sigma_3 = 300$kPa 时，动强度曲线在 190~230kPa 范围内变化；$\sigma_3 = 200$kPa 时，对应的动强度曲线处于前两者之间。

当土体在固结围压作用下，土体固结压缩，体积减小，土体颗粒间距减小。固结围压越大，体积减小越多，土颗粒间距就越小，进而土颗粒间的摩阻力、咬合力及胶结作用力提高的就越多，达到同一轴向应变下，所需的循环振动次数就越多，表现出的动强度就越大。由图 4-13 还可以看出，不管是单向循环动荷载作用还是双向循环动荷载作用，均有 $\sigma_3 = 100$kPa 时的动强度曲线与 $\sigma_3 = 200$kPa 时的动强度曲线相距较大，而 $\sigma_3 = 200$kPa 与 $\sigma_3 = 300$kPa 的动强度曲线相距较小，表现出在同一破坏振次下，动强度的增大幅度随固结围压的增大而越来越小，增大趋势越来越缓慢。究其原因，随着围压的逐渐增大，固结作用下土颗粒间距越来越小，土体越来越密实，提高相同的围压幅值，颗粒间的摩阻力、咬合力、胶结作用力的增加幅值不是随之线性增长的，密实度达到一定程度时，对提高颗粒间的摩阻力、咬合力、胶结作用力的作用就会越来越不明显，就表现出高围压之间的动强度曲线较低围压之间的动强度曲线更为接近。

对比图 4-13（a）与（b）、（c）、（d）还可以看出，单向循环荷载作用下红土的动强度明显低于双向循环荷载下红土的动强度，也即是在轴向与侧向动荷载之间的相位差为零时，双向振动下土体动强度比单向振动下的值更高，更有利于土体的稳定。

在含水率为 20.5%、23.5%、25.5% 时，固结围压对土体动强度的影响规律与上述单向动荷载作用下固结围压对动强度的影响及含水率为 17.5% 时固结围压对动强度的影响变化规律相同，均表现为随循环振动次数的增大，动强度有逐渐减小趋势，同一动强度下围压越大，所需破坏振次越大；同一循环振动次数下，围压越大动强度越大。随着固结围压的增大，相邻两围压之间的动强度差值越来越小。此处动强度曲线不再一一列出。

4.3.2.2 含水率对红土动强度影响

同单向振动试验一样，在双向循环动荷载作用下，含水率也会影响土体的动强度，在围压为 100kPa 条件下，同一侧向动应力幅值不同含水率下动强度与循环振次的关系曲线如图 4-14 所示，并给出了单向循环动荷载作用下的动强度曲线用以对比分析。

由图 4-14 可以看出，同单向动三轴试验一样，随着振动次数的增大动强度逐渐减小，达到同一动强度，含水率越大所需的循环振动次数越小；达到同一破坏振动次数，含水率越小，动强度越大。不同的侧向循环动应力幅值下，动强度曲线表现出了相同的变化趋势。在围压为 100kPa、侧向循环动应力幅值为 20kPa 时，含水率为 17.5% 的动强度曲线在 140~160kPa 范围内变化，含水率为 25.5% 的动强度曲线在 60~80kPa 范围内变化，含水率为 20.5% 和 23.5% 时对应的动强度曲线的变化范围介于两者之间。在侧向循环动应力幅值为 40kPa、60kPa 情况下，也有相似的变化规律。

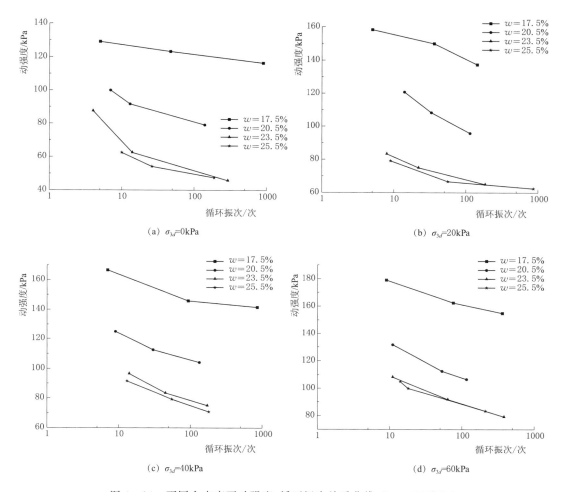

图 4-14　不同含水率下动强度-循环振次关系曲线（$\sigma_{3c}=100\text{kPa}$）

由图 4-14 中（a）～（d）均可以看出，当含水率为 17.5％时，动强度最大，减小的速度和幅度最小。同样值得注意的是，含水率为 17.5％对应的动强度比其他三个较大含水率对应的动强度大很多，且随着含水率的增大，动强度曲线越来越靠近，同一循环振次下，相邻含水率之间的动强度差值越来越小；侧向动应力幅值为 60kPa 时，含水率为 23.5％和 25.5％对应的动强度曲线近乎重合，同一循环振次下两者差值也近乎为零。究其原因，当含水率较小时，土颗粒之间间距较小，相互之间接触面积较大，土颗粒之间摩阻力、咬合力以及颗粒与颗粒之间形成的胶结作用均较强。随着含水率的不断增大，土颗粒之间的孔隙逐渐被自由水填充，土颗粒周围不断聚集自由水分子，土颗粒周围自由水越多颗粒之间接触面积就越小，直至自由水将土颗粒包裹，土颗粒表面形成的光滑水膜具有很好的润滑作用，就导致土颗粒之间的摩阻力、咬合力的减小以及胶结物的溶解导致胶结作用力的减小或丧失。表现出含水率越大，达到同一动应变所需的振动次数越小，动强度越小，在含水率达到饱和时就表现出动强度最小。含水率增大到一定程度时，如 23.5％，在动荷载作用一定循环振次后，土颗粒周围自由水数量及土颗粒被自由水包裹的程度接近完全饱和，继续增大含水率对摩阻力、咬合力及胶结作用力的减弱作用不明显，就会表现出动强度曲线越来越靠近，直至近乎重合。

对比单向和双向循环应力作用下的动强度曲线图，同样还可以看出，在双向无相位差循环应力作用下红土动强度明显高于单向循环应力作用下的土体动强度，也即是双向无相位差振动比单向振动更有利于土体稳定。

在 200kPa、300kPa 围压下，含水率对动强度的影响规律与单向动三轴试验及 100kPa 围压下的变化规律基本相同，均表现出含水率越大，动强度越小的特性，且含水率为 17.5％时对应的动强度较其他三个含水率下的动强度大很多，含水率为 23.5％与 25.5％ 对应的动强度较为接近。不同围压下，含水率对动强度的影响规律基本相同，限于篇幅，此处不再赘述。

4.3.2.3　侧向循环荷载幅值对红土动强度的影响

由上述不同侧向循环应力幅值下的动强度曲线比较可以大致看出，侧向循环动应力幅值的增大，在一定条件下土体的动强度有增大趋势。为更清晰地反应出侧向循环动应力幅值的变化对土体动强度的影响规律，将各含水率、各围压下不同的侧向循环动应力幅值对应的动强度曲线绘制于同一坐标系中，由此得到含水率为 17.5％、20.5％、23.5％、25.5％以及固结围压为 100kPa、200kPa、300kPa 条件下，侧向循环动应力幅值的变化对动强度的影响及其变化规律。

图 4-15 所示为含水率为 17.5％时，各不同围压、不同侧向循环应力幅值下动强度-循环振次关系曲线。由图 4-15 可以看出，随循环振动次数的增加，动强度曲线同样表现出循环效应的影响，即动强度曲线随循环振次的增加逐渐减小。在相同的动强度下，侧向动应力幅值越大所需的破坏振次就越多；同一循环振动次数下，侧向动应力幅值越大，动强度越大。在围压为 100kPa 时，侧向动应力幅值 $\sigma_{3d}=0kPa$ 对应的动强度曲线在 115～130kPa 范围内变化，而侧向动应力幅值 $\sigma_{3d}=60kPa$ 对应的动强度曲线在 155～180kPa 范围内变化，侧向动应力幅值 $\sigma_{3d}=20kPa$、$\sigma_{3d}=40kPa$ 对应的动强度曲线介于两者之间。在围压为 200kPa、300kPa 时也表现出相同的规律。

在试验过程中，当轴向与侧向动荷载相位差为 0°时，侧向与轴向同时达到拉压半周循环动应力幅值，当轴向动荷载加载时，由于侧向动荷载的存在，对土体的轴向变形有一定的制约作用，侧向循环动应力幅值越大，土体在振动压密阶段就会越密实，进而土颗粒间的摩阻力、咬合力就越大，达到同一应变所需循环振次就越多，对土体轴向变形的制约作用也越明显。相位差 $\varphi=0$°时，动强度 τ_d 为

$$\tau_d = \frac{\sigma_{1d}-\sigma_{3d}}{2}\sin\omega t \tag{4-3}$$

侧向循环应力幅值越大，45°剪切面上的承受的动剪应力就相对越小，此时土体变密实而剪切面上承受的动剪应力变小，就表现出达到同一应变所需振次变多，动强度变大。

从图 4-15（a）～（c）中均可以看出，双向无相位差下土体的动强度比单向（$\sigma_{3d}=$ 0kPa）动荷载下的土体的动强度高，且在围压为 100kPa、300kPa 时，单向振动下的动强度曲线比双向振动的动强度曲线低很多，也即是轴向和侧向动荷载相位差 $\varphi=0$°时，在侧向动应力幅值小于轴向动应力幅值的情况下，侧向动应力的存在有利于土体稳定，且侧向

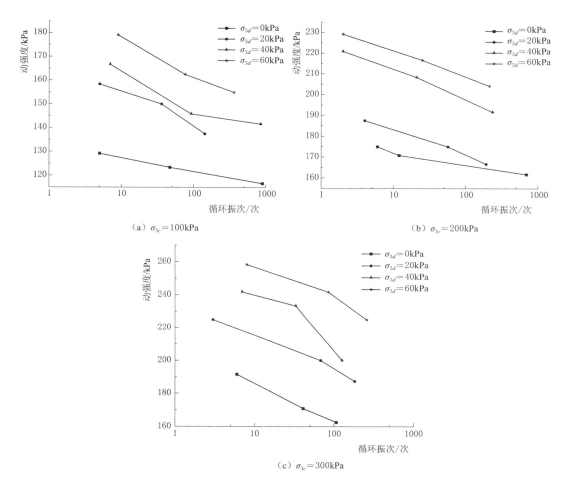

图 4-15　不同围压、不同侧向循环应力幅值下动强度-循环振次关系曲线（$w=17.5\%$）

动应力幅值越大土体越稳定。

　　含水率 $w=20.5\%$ 时，不同侧向循环应力幅值下的动强度曲线如图 4-16 所示。由图可以看出，侧向循环动应力幅值的变化对红土动强度的影响规律与前文所述一致，即同一循环振次下，侧向动应力幅值越大动强度越大。在图 4-16 动强度曲线中，侧向动应力幅值以 20kPa 的幅度增加，各自对应的动强度曲线均随振动次数的增大而逐渐降低，但是可以发现，由单向振动到双向振动时，动强度曲线之间的差距最大，即在同一循环振次下，侧向动应力幅值 $\sigma_{3d}=0$kPa 与 $\sigma_{3d}=20$kPa 对应的动强度差值最大，而 $\sigma_{3d}=20$kPa 与 $\sigma_{3d}=40$kPa、$\sigma_{3d}=60$kPa 对应的动强度曲线较为接近，动强度差值较小。在双向无相位差条件下，双向振动下的动强度较单向振动下的值有显著提高。

　　对于含水率为 23.5%、25.5% 的情况，在各个固结围压、不同侧向循环动应力幅值下的动强度曲线与含水率为 17.5%、20.5% 时的变化规律基本一致。对于双向无相位差（$\varphi=0°$）的动三轴试验，在相同围压、含水率条件下，侧向循环动应力幅值变化对红土动强度的影响规律相同，均表现为相同循环振次下，侧向动应力幅值越大，动强度越大。

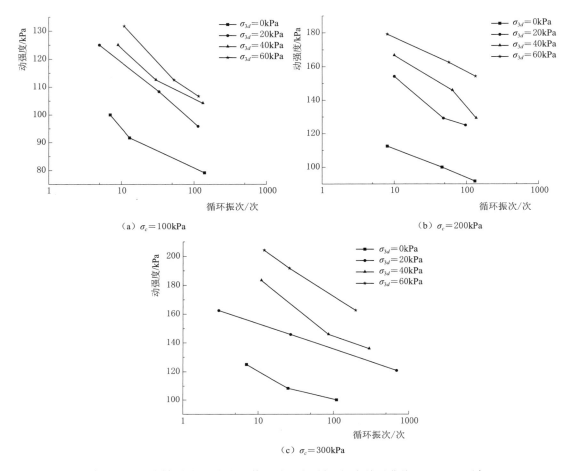

图 4 - 16　不同侧向循环应力幅值下动强度 - 循环振次关系曲线（$w = 20.5\%$）

4.3.3　双向有相位差循环荷载作用下红土的动强度特性

轴向与侧向循环应力有相位差时，应力路径随相位差的变化而发生变化，当相位差 φ 为任意角度值时，应力点的轨迹方程表示为：(p, q)，即 $(p^0 + \Delta p, q^0 + \Delta q)$，也即是

$$\left[\left(p^0 + \sigma_{3d} \sin\left(\varphi + \frac{2\pi t}{T} \right) + \frac{q^{\mathrm{ampl}} \sin\left(\dfrac{2\pi t}{T} \right)}{3} \right), \left(q^0 + q^{\mathrm{ampl}} \sin\left(\frac{2\pi t}{T} \right) \right) \right]$$

式中　p^0 和 q^0——初始状态点；

$\quad\quad\quad q^{\mathrm{ampl}}$——平均循环主应力幅值[19]。

本试验各相位差变量下，在 p - q 平面内的应力路径如图 4 - 17 所示。

由图 4 - 17 可以看出，在不同相位差下，应力路径各不相同，起始点和转动方向也会随着相位差的不同而各不相同。在相位差从 $0°$ 向 $180°$ 变化的过程中，应力路径逆时针转动，当相位差从 $180°$ 向 $360°$ 变化的过程中，应力路径顺时针转动。对于同一轴向和侧向循环应力，在相位差为 $0°$、$180°$ 时，应力路径为一条直线，其余相位差下的应力路径形状，

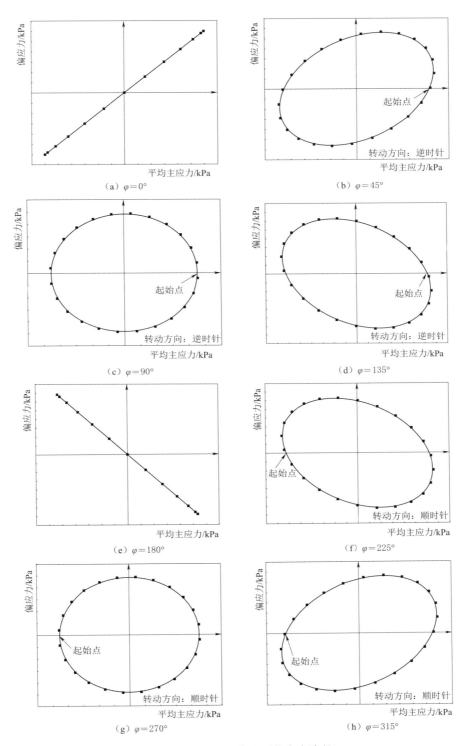

图 4-17 不同相位差下的应力路径

关于相位差为 180°对称相同。

4.3.3.1 同相位差下固结围压对红土动强度影响

如图 4-18 所示为各相位差下,不同固结围压对土体动强度变化的影响曲线。

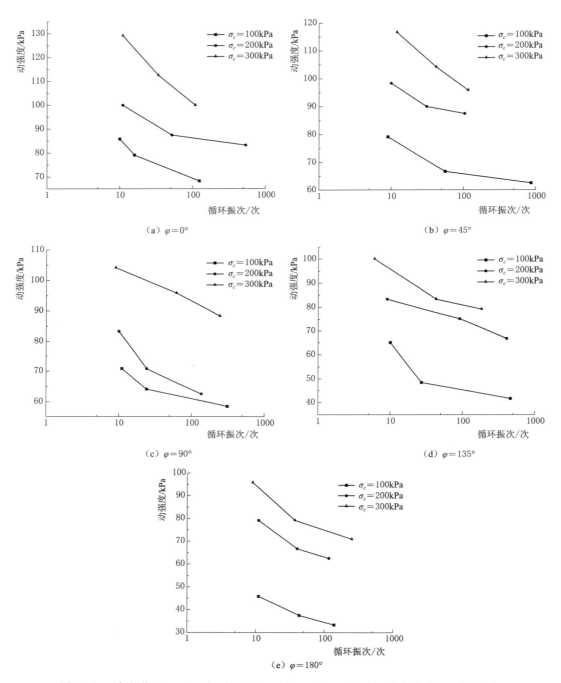

（a）$\varphi=0°$

（b）$\varphi=45°$

（c）$\varphi=90°$

（d）$\varphi=135°$

（e）$\varphi=180°$

图 4-18　各相位差下,不同固结围压下的动强度-循环振次关系曲线 ($\sigma_{3d}=20\text{kPa}$)

图 4-18 所示为各相位差下，$\sigma_{3d}=20\text{kPa}$ 时，不同固结围压下动强度与循环振次的关系曲线。由图可以看出，双向循环动荷载作用下，有相位差情况下固结围压对动强度的影响与单向循环动荷载作用时以及双向无相位差时固结围压对动强度的影响规律一样，表现为随循环振次的增加，动强度曲线逐渐减小；同一破坏振次下，固结围压越大，动强度越大；达到同一动强度，围压越大所需振动次数越大。这是因为，在同一相位差下，土样受力情况相同，固结围压越大，土样也越密实，相应的颗粒间摩阻力、咬合力以及胶结作用力也越大，所以表现出与前文所述情况下相同的变化规律。

由图 4-18 还可以看出，除 $\varphi=90°$ 外，其他相位差下，基本上表现为围压 $\sigma_c=200\text{kPa}$ 与 $\sigma_c=300\text{kPa}$ 曲线相距较近，随着固结围压的逐渐增大，土样密实度也在不断增大，当围压增大到一定程度时，土体密实度并不能随围压线性增加，再继续增大相同的围压，土体的动强度并不能同幅度增大，此时，增加围压对增大土体的强度影响不大，也就表现为随着围压的增大，动强度曲线相距越来越近。

4.3.3.2　同相位差下侧向循环荷载幅值对红土动强度影响

本书中认为相位差 $\varphi=0°$ 与 $\varphi=360°$ 完全相等，在讨论时将 $\varphi=360°$ 的图像用 $\varphi=0°$ 的图像代替。在围压 $\sigma_c=100\text{kPa}$ 时，各相位差下，侧向动应力幅值的变化对动强度的影响曲线如图 4-19 所示。

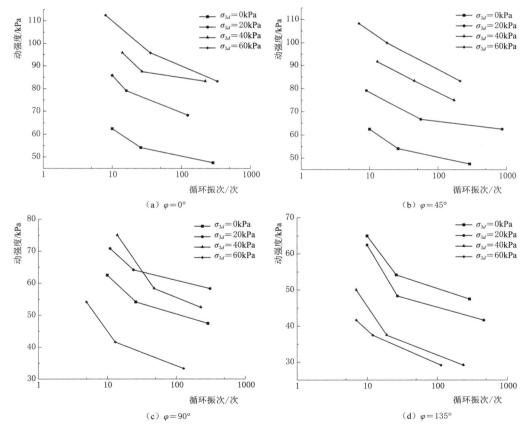

图 4-19（一）　不同侧向动应力幅值下动强度-循环振次关系曲线（$\sigma_c=100\text{kPa}$）

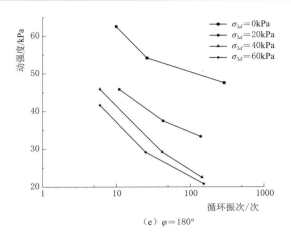

（e）$\varphi=180°$

图 4-19（二）　不同侧向动应力幅值下动强度-循环振次关系曲线（$\sigma_c=100\text{kPa}$）

由图 4-19 可以看出，在各相位差下，动强度曲线均随循环振次的增大而逐渐减小，相位差在 $\varphi=0°$、$\varphi=45°$ 时，侧向循环应力幅值对动强度的影响，表现出与前文所述相同的变化规律，即是在相同的破坏振次下，侧向循环应力幅值越大动强度越大，且单向振动荷载（$\sigma_{3d}=0\text{kPa}$）作用下的动强度明显小于双向振动下的动强度；$\varphi=90°$ 时，随着侧向循环应力幅值在 $0\sim60\text{kPa}$ 范围内逐渐增大，动强度呈现出先增大而后减小的变化趋势，在一定循环振次后，$\sigma_{3d}=20\text{kPa}$ 与 $\sigma_{3d}=40\text{kPa}$ 的动强度曲线出现交叉，动强度随侧向循环应力幅值的增大表现出由递增向递减趋势过渡；而当 $\varphi=135°$、$\varphi=180°$ 时，动强度表现出与 $\varphi=0°$、$\varphi=45°$ 时相反的变化趋势，侧向循环应力幅值越大动强度却越小，且 $\varphi=180°$ 时单向振动荷载（$\sigma_{3d}=0\text{kPa}$）作用下的动强度明显高于双向振动下的动强度。也即是在不同相位差下，侧向循环应力幅值对动强度的影响规律并不相同，在 $0°\sim180°$ 范围内时，大致可以用 $\varphi=90°$ 为界，相位差小于 $90°$ 时，动强度随侧向循环应力幅值的增大而增大，相位差大于 $90°$ 时，动强度随侧向循环应力幅值的增大而减小。

围压为 200kPa、不同侧向循环应力幅值下，土体动强度与循环振次的关系曲线如图 4-20 所示。图 4-20（a）～（h）分别为相位差为 $0°$、$45°$、$90°$、$135°$、$180°$、$225°$、$270°$、

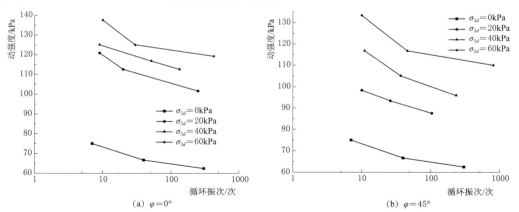

（a）$\varphi=0°$　　　　　　　　　　　（b）$\varphi=45°$

图 4-20（一）　不同侧向循环应力幅值下动强度-循环振次关系曲线（$\sigma_c=200\text{kPa}$）

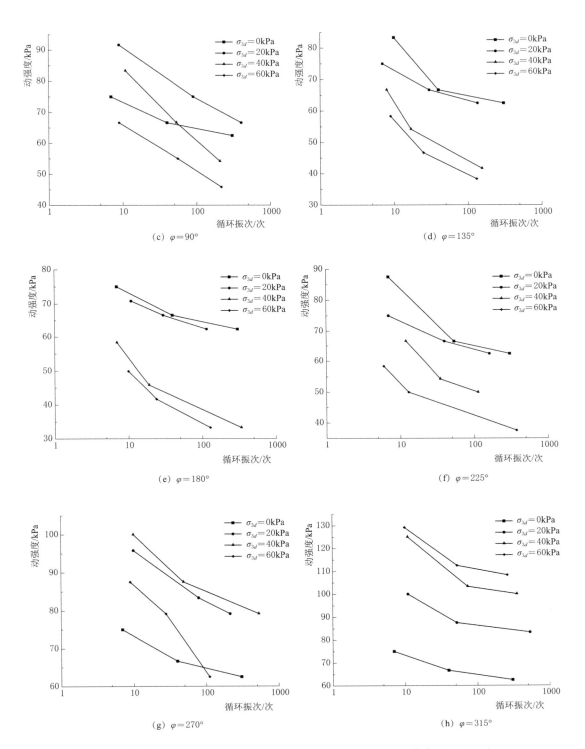

图 4 - 20 (二)   不同侧向循环应力幅值下动强度-循环振次关系曲线 (σ_c = 200kPa)

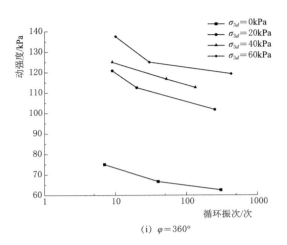

(i)　$\varphi=360°$

图 4-20（三）　不同侧向循环应力幅值下动强度-循环振次关系曲线（$\sigma_c=200\text{kPa}$）

315°、360°时对应的动强度曲线，由图 4-20 可以看出，在各相位差下，土体动强度均随振动次数的增大而逐渐减小。侧向循环应力幅值变化对动强度的影响，按照相位差的范围可以分为三部分进行讨论，即 $0°\leqslant\varphi\leqslant90°$、$90°<\varphi\leqslant270°$ 和 $270°<\varphi\leqslant360°$。

（1）在 $0°\leqslant\varphi\leqslant90°$ 范围内。同一循环振次下，$\varphi=0°$、45°时，土体动强度随侧向循环应力幅值的增大而增大，双向振动荷载作用下的动强度明显高于单向振动荷载下的值，且差值较大；达到同一动强度时，侧向循环应力幅值越大所需振动次数也越多，这也可以说明，此情况下侧向循环应力的存在减缓了土体变形速度，有利于土体稳定。在 $\varphi=90°$ 时，土体动强度随侧向循环应力幅值的增大先增大后减小，表现为侧向循环应力幅值从 0kPa 增大到 20kPa 时，动强度是增大的，从 20kPa 增大到 60kPa 时，动强度是减小的。

（2）在 $90°<\varphi\leqslant270°$ 范围内。同一循环振次下，当 $\varphi=135°$、180°、225°时，动强度随侧向循环应力幅值的增大而减小，且单向振动荷载作用下的动强度比双向振动下的动强度相对较高；达到同一动强度时，侧向循环应力幅值越大所需振动次数就越少，这说明了此种情况下，侧向循环应力的存在加速了土体的变形速度，对土体的稳定不利。还可以看出 $\varphi=180°$ 时，各侧向循环应力对应的动强度曲线变化范围略低于 $\varphi=135°$、225°时对应的动强度曲线变化范围。当 $\varphi=270°$ 时，侧向循环应力幅值从 0kPa 变化到 40kPa 时，动强度逐渐增大，侧向循环应力幅值从 40kPa 变化到 60kPa 时，动强度减小，即随侧向循环应力幅值的增大，动强度表现出先增大而后减小的变化趋势；和 $\varphi=90°$ 一样，$\varphi=270°$ 时，可以认为此相位差是动强度随侧向循环应力幅值变化而变化的规律的过度相位差，即在这两个相位差左右两侧，动强度的变化规律发生转变。

（3）在 $270°<\varphi\leqslant360°$ 范围内。$\varphi=315°$、360°时，同一循环振次下，侧向循环应力幅值越大，动强度越大，即动强度随侧向循环应力幅值增大而增大，且单向振动荷载作用下的动强度明显小于双向振动荷载下的动强度，差值较大；同样的，达到相同动强度侧向循环应力幅值越大所需循环振次越多，也即此种情况下侧向循环应力减慢了土体变形速度，对土体的稳定有利。

如图 4-21 所示为围压为 300kPa 下的动强度与循环振次的关系曲线。可以看出，侧向循环应力幅值对动强度的影响与围压 100kPa 和 200kPa 下的规律相似，对比三个围压下的情况，可以得出以下两点规律：

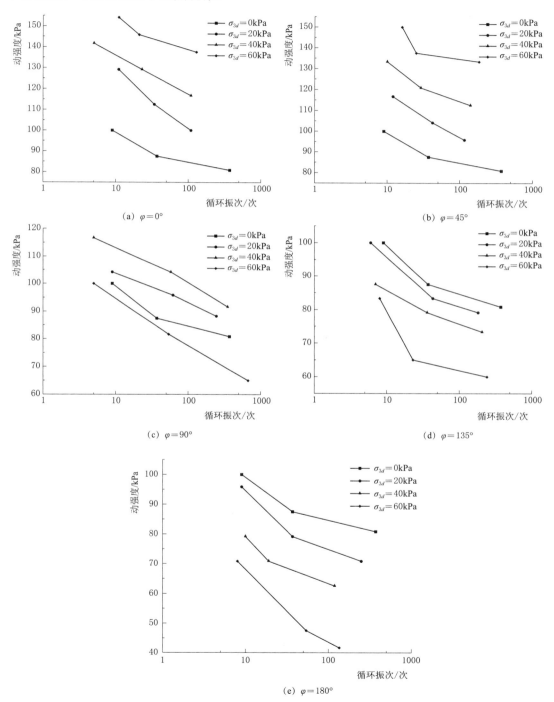

(a) $\varphi=0°$

(b) $\varphi=45°$

(c) $\varphi=90°$

(d) $\varphi=135°$

(e) $\varphi=180°$

图 4-21（二）　不同侧向循环应力幅值下动强度-循环振次关系曲线（$\sigma_c=300$kPa）

（1）当 φ 在 $0°\sim90°$ 范围内时，同一循环振次下，土体动强度随侧向循环应力幅值的增大而增大；当相位差 φ 在 $90°\sim270°$ 范围内时，土体动强度随侧向循环应力幅值增大而减小；当相位差 φ 在 $270°\sim360°$ 范围内时，动强度随侧向循环应力幅值增大而增大。

（2）在 $\varphi=90°$、$\varphi=270°$ 时，随着侧向循环应力幅值增大，动强度变化规律均表现为先增大后减小，动强度变化趋势由随侧向循环应力幅值增大而增大的趋势向随侧向循环应力幅值增大而减小的趋势过渡。

规律（1）中现象，可表示为动强度在不同的相位差范围内随侧向循环应力幅值的变化趋势图，如图 4-22 所示。

由图 4-22 可以看出，动强度在不同相位差范围内随侧向循环应力幅值的变化趋势可以称作"正弦"变化现象，$\varphi=90°$、$\varphi=270°$ 是变化趋势的两个转折点，就是变化趋势变化的过渡点。

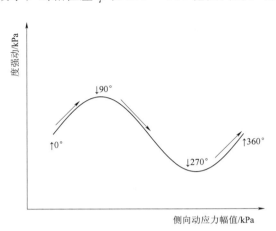

图 4-22 动强度随侧向循环应力幅值变化趋势图

4.3.3.3 相位差对红土动强度的影响

在双向有相位差的试验中，随着相位差的变化，土样的受力情况在发生变化，土体的动强度也在随之变化。当轴向与侧向动荷载之间存在相位差时，许成顺等指出，可以得到不同的相位差下，45°剪切面上所承受的动剪应力的表达式，见表 4-5。

表 4-5　　　　　　　　各相位差下，45°剪切面上动剪应力

相位差/(°)	动剪应力/kPa
0	$\tau_{db}=\dfrac{\sigma_{1d}-\sigma_{3d}}{2}\sin2\pi t$
45	$\tau_{db}=\sqrt{\dfrac{\sigma_{1d}^2-\sqrt{2}\sigma_{1d}\sigma_{3d}+\sigma_{3d}^2}{4}}\sin(2\pi t+\theta)$，$\tan\theta=-\dfrac{\sqrt{2}\sigma_{3d}}{2\sigma_{1d}-\sqrt{2}\sigma_{3d}}$
90	$\tau_{db}=\sqrt{\dfrac{\sigma_{1d}^2+\sigma_{3d}^2}{4}}\sin(2\pi t+\theta)$，$\tan\theta=-\dfrac{\sigma_{3d}}{\sigma_{1d}}$
135	$\tau_{db}=\sqrt{\dfrac{\sigma_{1d}^2+\sqrt{2}\sigma_{1d}\sigma_{3d}+\sigma_{3d}^2}{4}}\sin(2\pi t+\theta)$，$\tan\theta=-\dfrac{\sqrt{2}\sigma_{3d}}{2\sigma_{1d}+\sqrt{2}\sigma_{3d}}$
180	$\tau_{db}=\dfrac{\sigma_{1d}+\sigma_{3d}}{2}\sin2\pi t$
225	$\tau_{db}=\sqrt{\dfrac{\sigma_{1d}^2+\sqrt{2}\sigma_{1d}\sigma_{3d}+\sigma_{3d}^2}{4}}\sin(2\pi t+\theta)$，$\tan\theta=\dfrac{\sqrt{2}\sigma_{3d}}{2\sigma_{1d}+\sqrt{2}\sigma_{3d}}$
270	$\tau_{db}=\sqrt{\dfrac{\sigma_{1d}^2+\sigma_{3d}^2}{4}}\sin(2\pi t+\theta)$，$\tan\theta=\dfrac{\sigma_{3d}}{\sigma_{1d}}$

续表

相位差/(°)	动剪应力/kPa
315	$\tau_{db} = \sqrt{\dfrac{\sigma_{1d}^2 - \sqrt{2}\,\sigma_{1d}\sigma_{3d} + \sigma_{3d}^2}{4}}\,\sin(2\pi t + \theta),\ \tan\theta = \dfrac{\sqrt{2}\,\sigma_{3d}}{2\sigma_{1d} - \sqrt{2}\,\sigma_{3d}}$
360	$\tau_{db} = \dfrac{\sigma_{1d} - \sigma_{3d}}{2}\sin 2\pi t$

由表 4-5 可以看出，45°剪切面上动剪切应力幅值随着相位差的变化而改变，表现为随着相位差的增大，动剪应力幅值以 180°相位差为转折点先增大后减小，并且动剪应力幅值关于 180°相位差呈对称相等。鉴于此，在变相位的试验中，当围压 $\sigma_c = 100\text{kPa}$、300kPa 时，试验是在相位差从 0°递增到 180°范围内进行的，而围压 $\sigma_c = 200\text{kPa}$ 的情况下，试验在相位差从 0°递增到 315°范围内进行，作为对比试验验证上述理论公式分析。

围压为 100kPa 和 300kPa 时，各侧向循环应力幅值下，不同相位差对应的红土动强度与循环振次的关系曲线如图 4-23、图 4-24 所示。对比分析图 4-23、图 4-24 可以看出，两者变化规律基本相似：相位差在 0°~180°范围内变化时，在相同的循环振次下，相位差越大，动强度越小。

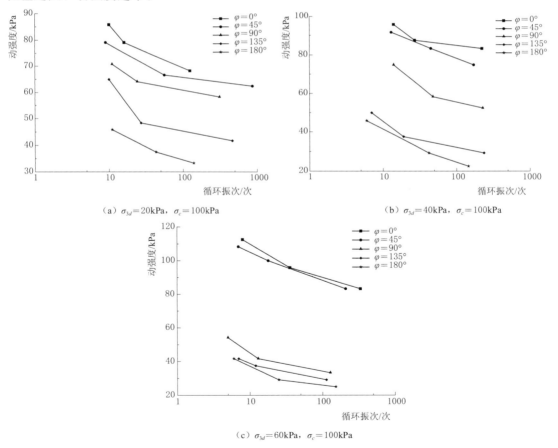

（a）$\sigma_{3d} = 20\text{kPa}$，$\sigma_c = 100\text{kPa}$

（b）$\sigma_{3d} = 40\text{kPa}$，$\sigma_c = 100\text{kPa}$

（c）$\sigma_{3d} = 60\text{kPa}$，$\sigma_c = 100\text{kPa}$

图 4-23　围压为 100kPa 时，不同相位差下的动强度曲线

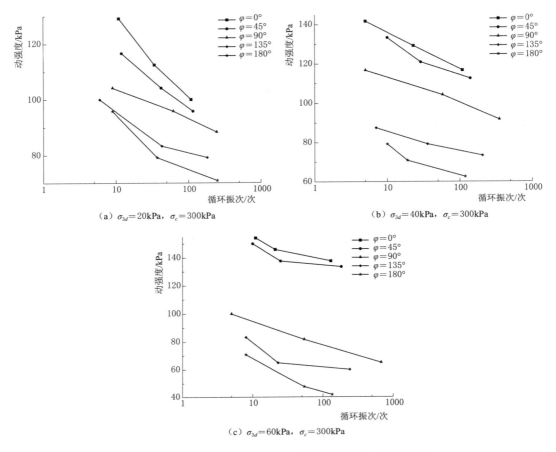

(a) $\sigma_{3d}=20\text{kPa}$，$\sigma_c=300\text{kPa}$　　　　(b) $\sigma_{3d}=40\text{kPa}$，$\sigma_c=300\text{kPa}$

(c) $\sigma_{3d}=60\text{kPa}$，$\sigma_c=300\text{kPa}$

图 4-24　围压为 300kPa 时，不同相位差下的动强度曲线

　　由图 4-23、图 4-24 中（b）、（c）还可以发现，相位差为 90°的动强度曲线与相邻曲线差值较大，这一现象从图 4-23、图 4-24 中由（a）～（c）越来越明显，相位差为 90°时的动强度曲线与 45°时的曲线从图 4-23、图 4-24 中由（a）～（c）表现为差距越来越大，而与 135°时的强度曲线越来越近，这与前文"正弦"现象有关。在 $\varphi<90°$时，动强度随侧向循环应力幅值的增大而增大，在 $90°<\varphi<180°$时，动强度随侧向循环应力幅值的增大而减小，而 $\varphi=90°$时，又是动强度随侧向循环应力幅值的增大从逐渐增大向逐渐减小的过渡阶段，所以 $\varphi=90°$曲线上方的动强度曲线随侧向循环应力幅值变大逐渐上移，$\varphi=90°$曲线下方的动强度曲线随侧向循环应力幅值变大逐渐下移，所以 $\varphi=90°$曲线与相邻动强度曲线差值就会从图 4-23、图 4-24 中由（a）～（c）越来越明显。

　　围压为 200kPa 时，不同相位差对应的动强度与循环振次的关系曲线如图 4-25 所示。可以看出，同一破坏振次下，随着相位差的增大，动强度以相位差 180°为转折点，先减小后增大。同上文所述现象一样，当 $\varphi=90°$、$\varphi=270°$时，对应的动强度曲线和相邻的动强度曲线间距较大，其强度值差值较大，由于"正弦"现象的存在，使得从图 4-25（a）～（c）差距越来越明显。

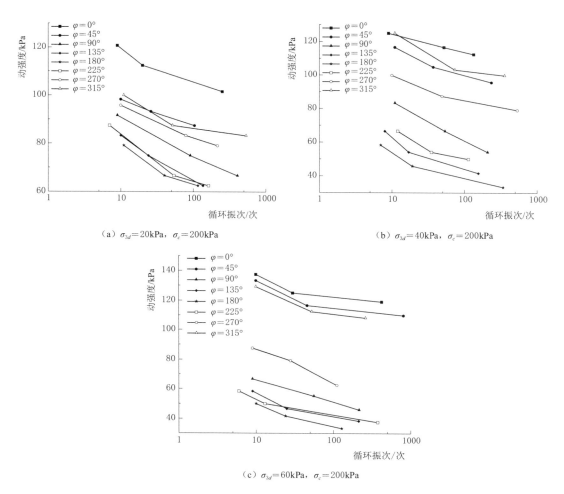

（a）$\sigma_{3d}=20\text{kPa}$，$\sigma_c=200\text{kPa}$

（b）$\sigma_{3d}=40\text{kPa}$，$\sigma_c=200\text{kPa}$

（c）$\sigma_{3d}=60\text{kPa}$，$\sigma_c=200\text{kPa}$

图 4-25　围压为 200kpa 时，不同相位差下的动强度曲线

为了更为清晰的展现出不同侧向循环应力幅值和相位差组合下动强度之间的关系，根据上述曲线图，本书取循环振动次数 $N=20$ 时，得出各侧向循环应力幅值和相位差下的动强度值，见表 4-6，并将其绘制于同一图中，如图 4-26 所示，用以对比分析。

表 4-6　　　　　　　围压 200kPa 下红土的动强度统计表（$N=20$）

侧向循环应力幅值/kPa	动强度/kPa								
	$\varphi=0°$	$\varphi=45°$	$\varphi=90°$	$\varphi=135°$	$\varphi=180°$	$\varphi=225°$	$\varphi=270°$	$\varphi=315°$	$\varphi=360°$
20	112.50	94.71	85.91	76.75	73.40	76.80	91.65	95.20	112.50
40	121.20	110.94	77.15	53.25	46.60	60.70	94.51	118.20	121.20
60	129.62	125.80	61.58	49.20	43.40	48.40	81.65	122.25	129.62

由图 4-26 可以看出，双向动荷载作用下，φ 在 $0°\sim180°$ 范围内时，红土在同一循环振次下（$N=20$）的动强度随相位差的增大而减小，且动强度在 $\varphi=0°\sim90°$ 范围内时衰减很

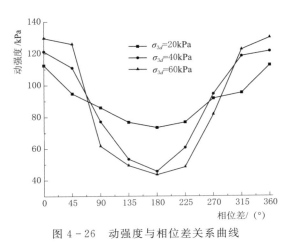

图 4-26　动强度与相位差关系曲线
（$\sigma_c = 200\text{kPa}$，$N = 20$）

快，而在 $\varphi = 90° \sim 180°$ 范围内时衰减相对较为缓慢；当 φ 在 $180° \sim 360°$ 范围内变化时，动强度随相位差增大而增大，其值的增长速度与在 $\varphi = 0° \sim 180°$ 范围内的衰减速度基本上呈对称关系。该变化规律与图 4-24 ～图 4-26 中所表现的变化规律一致。另外，由图 4-26 还可以看出，虽然动强度在 $\varphi = 180°$ 两侧随相位差变化呈相反的变化规律，近似呈对称趋势，但是动强度并不是完全以 $\varphi = 180°$ 为轴对称相等，除个别点外，整体来讲，相位差在 $180° \sim 360°$ 范围内的动强度值要大于其关于 $\varphi = 180°$ 对称、在 $0° \sim 180°$ 范围内的相位差所对应的取值。

从图 4-26 还可以看出在相位差小于 $90°$ 时，在同一循环振次下，侧向循环应力幅值越大，红土动强度就越大，再次说明了此种情况下侧向循环应力的施加会减慢土体动变形的发展，有利于土体的稳定；当在 $\varphi = 90° \sim 270°$ 范围内时，侧向循环应力幅值越大，红土的动强度反而越小，侧向循环应力的施加加速了土体的动变形发展，促进其更快的发生破坏；当相位差大于 $270°$ 以后，红土的动强度又随侧向循环应力幅值的增大而增大，与相位差小于 $90°$ 的情况一样，侧向循环应力的存在减慢了土体变形发展，有利于土体稳定。上述这一规律也再一次体现了动强度随侧向循环应力幅值变化而变化的"正弦"现象。

从图 4-26 可以很明显地看出，$\varphi = 180°$ 与 $\sigma_{3d} = 60\text{kPa}$ 时的组合情况是土体抵抗变形破坏最不利的动荷载组合，也是体现土体动强度最小的组合，在此种动荷载组合情况下，红土的动强度为 $\varphi = 180°$ 和 $\sigma_{3d} = 20\text{kPa}$ 组合下动强度值的 59.1%，同时其值是 $\varphi = 0°$ 和 $\sigma_{3d} = 60\text{kPa}$ 组合下动强度值的 33.5%。相位差与侧向循环应力幅值大小的组合情况对土体的动强度影响相当重要，因此在实际工程抗震设计时，应充分考虑双向动荷载相位差为 $180°$ 及此时径向动荷载幅值较大的组合情况。

围压为 100kPa、300kPa 时，红土在循环振次 $N = 20$ 时动强度值的统计表见表 4-7、表 4-8，对应的动强度随相位差的变化曲线如图 4-27、图 4-28 所示，其表现出的变化规律与图 4-26 一致。

表 4-7　　　　　　围压 100kPa 下红土的动强度统计表（$N = 20$）

侧向循环应力幅值 /kPa	动强度/kPa				
	$\varphi = 0°$	$\varphi = 45°$	$\varphi = 90°$	$\varphi = 135°$	$\varphi = 180°$
20	78.00	73.70	65.71	53.39	42.19
40	91.31	88.77	70.18	37.33	34.52
60	102.35	99.29	40.11	35.60	31.14

表 4 - 8　　　　　　　　围压 300kPa 下红土的动强度统计表 (*N* = 20)

侧向循环应力幅值/kPa	动强度/kPa				
	$\varphi = 0°$	$\varphi = 45°$	$\varphi = 90°$	$\varphi = 135°$	$\varphi = 180°$
20	120.35	111.58	100.7	89.82	86.43
40	130.32	125.21	109.61	82.16	70.60
60	146.48	140.54	89.32	67.43	59.64

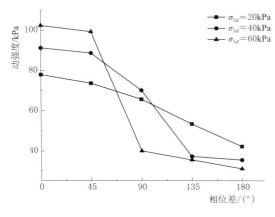

图 4 - 27　动强度与相位差关系曲线
($\sigma_c = 100\text{kPa}$，$N = 20$)

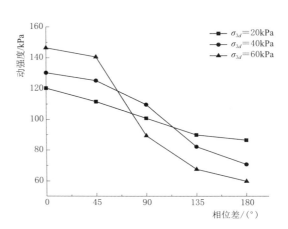

图 4 - 28　动强度与相位差关系曲线
($\sigma_c = 300\text{kPa}$，$N = 20$)

　　由上述分析已经得出，随相位差的增大，以相位差 180° 为转折点，土体的动强度先减小后增大。为了更清楚的比较土体的动强度在随相位差变化而变化的过程中土体动强度的变化幅度，给出了各固结围压、侧向循环应力幅值下，红土在 $\varphi = 0°$ 和 $\varphi = 180°$ 时土体动强度值的比较情况，见表 4 - 9。表中 γ 为 $\varphi = 180°$ 与 $\varphi = 0°$ 时对应的动强度比值，η 为 $\varphi = 180°$ 相对于 $\varphi = 0°$ 时的动强度衰减率。表 4 - 9 表明，$\varphi = 180°$ 时的动强度较 $\varphi = 0°$ 时的动强度有非常显著的衰减。当侧向循环应力幅值 $\sigma_{3d} = 60\text{kPa}$、固结围压 $\sigma_c = 100\text{kPa}$ 时，红土在 $\varphi = 180°$ 时的动强度是 $\varphi = 0°$ 时动强度的 30.4%，衰减率高达 69.6%。由表 4 - 9 还可以看出，在同一固结围压下，衰减率表现出随侧向循环应力幅值的增大而增大的变化趋势，而在相同的侧向循环应力幅值下，衰减率随固结围压的增大而呈现出减小的变化趋势，所以当侧向循环应力幅值 $\sigma_{3d} = 20\text{kPa}$、固结围压 $\sigma_c = 300\text{kPa}$ 时，土体的动强度衰减率是最小的，但仍然有 28.2%。由上述分析可知，相位差对土体的动强度的影响显著，当轴向与侧向动荷载之间的相位差为 180° 时，土体的动强度会产生较大的衰减，特别是小围压、大侧向动荷载幅值的情况下，土体动强度将会急剧衰减，其衰减的幅度也将会更大，对土体稳定最为不利，在上述此种情况下，土体的抵抗变形能力将会大大降低，甚至会丧失。如果在实际的地震中出现侧向动荷载幅值较大，且轴向与侧向动荷载反相时，对浅层地基土体的抗震能力将会产生极为不利的影响，所以在实际的工程抗震设计中，应该充分考虑轴向与侧向动荷载相位差为 180°、侧向动荷载幅值较大，且围压较小的组合情况。

表 4-9　不同固结围压、侧向循环应力幅值下，相位差 $\varphi=0°$ 与 $\varphi=180°$ 时的动强度比较

侧向循环应力幅值/kPa	动强度($\sigma_c=100kPa$)/kPa				动强度($\sigma_c=200kPa$)/kPa				动强度($\sigma_c=300kPa$)/kPa			
	$\varphi=0°$	$\varphi=180°$	$\gamma/\%$	$\eta/\%$	$\varphi=0°$	$\varphi=180°$	$\gamma/\%$	$\eta/\%$	$\varphi=0°$	$\varphi=180°$	$\gamma/\%$	$\eta/\%$
20	78.0	42.2	54.1	45.9	112.5	73.4	65.2	34.8	120.6	86.4	71.8	28.2
40	91.3	34.5	37.8	62.2	121.2	46.6	38.4	61.6	130.3	70.6	54.2	45.8
60	102.4	31.1	30.4	69.6	129.6	43.4	33.5	66.5	146.5	59.6	40.7	59.3

4.4　重塑红土的动强度指标变化规律探讨

对于土体动强度的描述，除了前文所述的动强度曲线，还可以用动强度指标来表征。土体的动强度参数是表征动强度的重要指标，也是工程安全性评估和工程抗震设计的重要参数，包括动黏聚力 c_d 和动内摩擦角 φ_d。c_d 和 φ_d 分别体现土颗粒间的黏聚力和摩擦力大小。黏聚力由颗粒间的静电力、范德华力构成的原始黏结力和由颗粒间胶结物质形成胶结作用力构成的固化黏结力两部分组成，摩擦力又包括颗粒间的滑动摩擦力和凹凸接触面间的咬合摩擦力。在动荷载的作用下，动强度参数逐渐发生变化。对于实际的工程问题，选择合适的动强度指标至关重要，整体概括而言，土体的动强度指标不仅与土的种类有关，还和土样的粒度、密度、含水率以及结构性等内在因素有关，试验的测试方法、排水条件等外在因素以及土体的应力历史、应力应变速率也会影响土体的强度指标。

国内外学者对动强度指标的研究主要集中在单向振动三轴试验中，对于复杂条件下的双向振动三轴试验中红土的动强度参数还没有进行深入广泛的研究。本章在前人研究的基础上，主要在双向循环荷载作用下，以动强度参数为研究对象，初步探究分析静、动应力状态及相位差对动强度指标的变化规律的影响，结合前文的试验规律从强度指标方面进行了一定的分析，并试图在一定条件下对动强度参数进行拟合运算，对比其拟合结果的有效性。

4.4.1　动强度参数的求取方法

土体的动强度指标不仅与土的种类有关，还和土样的结构性、试验的排水条件等因素有关。不同的土类和试验的排水条件下，土体的动强度指标的求取方法也不尽相同。对于等压固结不排水的单向动三轴试验，一般求取动黏聚力 c_d 和动内摩擦角 φ_d 参考静力学的求取方法，以应力 σ 为横坐标，剪应力 τ 为纵坐标，在横坐标上以 $(\sigma_1+\sigma_3)/2$ 为圆心，以 $(\sigma_1-\sigma_3)/2$ 为半径，绘出不同围压下的破坏摩尔应力圆后，对各个应力圆做出公切线，即强度包线，包线的倾角为内摩擦角 φ_d，包线在纵坐标上的截距为黏聚力 c_d。但是对于各应力圆无规律、难以绘出不同围压下的应力圆强度包线的情况，应按照应力路径取值，即做出各围压下的应力圆后，作出通过各圆顶点的平均直线。再根据平均直线的倾角和纵坐标上的截距，求出 c_d 和 φ_d，即

$$\varphi_d = \arcsin(\tan\alpha) \tag{4-4}$$

$$c = d / \cos\varphi_d \qquad\qquad (4-5)$$

式中　α——平均直线的倾角，(°)；

　　　d——平均直线在纵坐标上的截距，kPa。

根据上述分析，对动强度曲线进行拟合，求出不同围压、相同循环振次下轴向动应力幅值 σ_{1d} 和侧向动应力幅值 σ_{3d}。关于土体动强度曲线与振动次数的关系，已有很多学者尝试用数学公式对其进行了拟合研究，如曾召田[21] 使用线性函数、张锦锦[22] 使用多项式函数、陈永亮和于连顺[23,24] 使用指数函数、吕海波等[25] 使用 S 型曲线函数。也有学者用乘幂函数进行拟合，其中余湘娟等[26] 对煤矸石动强度特性试验研究中的试验点进行了回归分析，得出动强度和破坏振次之间可以满足乘幂函数关系，即

$$\tau_d = a(N_f)^b \qquad\qquad (4-6)$$

毛尚礼等[27] 对昆明黏性土动力特性试验研究中也发现，在不同固结比、不同固结围压条件下土体的动强度与循环振次的关系曲线能够较好地满足乘幂函数关系。

根据前人研究方法，发现利用乘幂函数式（4-6）可以较好地拟合动强度与振动次数的关系曲线。所以笔者对前文所绘制的不同固结围压、不同含水率、不同相位差以及不同侧向动荷载幅值下的动强度曲线，按照乘幂函数内插的方法计算出各围压下循环振动次数分别为 10、20、30、…、100 时对应的轴向动应力 σ_{1d} 和侧向动应力 σ_{3d}，再参考陈开圣[28]、覃欲晓[29] 等人的研究文献及 SL 237—1999[30] 中的应用于复杂动力条件下摩尔应力圆强度包线计算、绘图的 Excel 程序，快速计算出土体的动强度参数 c_d、φ_d 值。此程序的应用为试验数据的整理提供极大的便利，对提高土工试验数据处理的精度和速度有很重要的应用价值。

用上述程序画出的摩尔应力圆如图 4-29 所示。图中直线方程为 $y = ax + b$，可以反映出土体的动黏聚力和动内摩擦角，a 为直线的斜率，b 为直线在纵坐标上的截距，可以分别换算出动内摩擦角和动黏聚力。通过图 4-29 可以清楚地看出哪些摩尔应力圆与包线相离较大，直观地反映数据的可靠性。

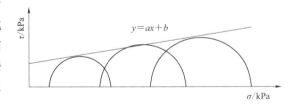

图 4-29　摩尔应力圆及强度包线示意图

对于单向振动三轴试验在求取最大主应力 σ_1 和最小主应力 σ_3 时，谢定义给出了总应力参数的求取方法，最大和最小主应力分别为

$$\sigma_1 = \sigma_{1c} + \sigma_{1d} \qquad\qquad (4-7)$$

$$\sigma_3 = \sigma_{3c} \qquad\qquad (4-8)$$

但是在双向振动三轴试验中最大主应力和最小主应力的确定，还没有一个明确有效的求取方法，本书中考虑相位差、侧向循环应力幅值的影响，笔者参考谢定义的求取方法给出最大主应力和最小主应力分别为

$$\sigma_1 = \sigma_{1c} + \sigma_{1d} \qquad\qquad (4-9)$$

$$\sigma_3 = \sigma_{3c} + \sigma_{3d}\cos\varphi \qquad\qquad (4-10)$$

式中　φ——轴向与侧向循环应力之间的相位差。

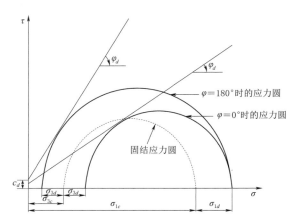

图 4 - 30 动强度总应力参数示意图

进行一些初步探讨后，为确定动强度总应力参数的示意图如图 4 - 30 所示。

4.4.2 同相位下红土的动强度参数

同相位的动三轴试验中，围压分别为 100kPa、200kPa、300kPa，含水率分别为 17.5%、20.5%、23.5%、25.5%，侧向动荷载幅值分别为 0kPa、20kPa、40kPa、60kPa；变相位的动三轴试验在上述变量因素的基础上，相位差在 0°～360°范围内变化，所用土样为饱和土样。

4.4.2.1 单向循环荷载下红土的动强度参数

单向循环振动三轴试验是侧向动荷载幅值为 0kPa 时的同相位动三轴试验。在各含水率下求出破坏振次 N_f＝10，20，30，…，100 次时的动强度参数，见表 4 - 10。

表 4 - 10 不同含水率、不同循环振次下红土动强度参数（σ_{3d}＝0kPa，φ＝0°）

循环振次	w＝17.5%		w＝20.5%		w＝23.5%		w＝25.5%	
	c_d/kPa	$\varphi_d/(°)$	c_d/kPa	$\varphi_d/(°)$	c_d/kPa	$\varphi_d/(°)$	c_d/kPa	$\varphi_d/(°)$
10	43.9	7.76	40	3.27	24.2	4.59	19.2	4.88
20	43.8	7.53	38.3	3.04	22.5	4.36	18.5	4.42
30	43.8	7.41	37.4	2.92	21.5	4.12	18.2	4.23
40	43.8	7.35	36.7	2.81	20.9	4.01	17.9	4.13
50	43.7	7.3	36.2	2.75	20.4	3.9	17.7	4.01
60	43.7	7.24	35.8	2.69	20	3.84	17.6	3.96
70	43.7	7.18	35.5	2.69	19.7	3.73	17.4	3.96
80	43.7	7.12	35.2	2.64	19.4	3.67	17.3	3.9
90	43.7	7.12	34.9	2.58	19.1	3.61	17.2	3.84
100	43.7	7.07	34.7	2.58	18.9	3.55	17.1	3.84

根据表 4 - 10 可以作出动黏聚力和动内摩擦角随循环振动次数的变化曲线，如图 4 - 31、图 4 - 32 所示。

由图 4 - 31 可以看出，对于各含水率下的单向振动三轴试验，动黏聚力随循环振次的增加均有不同程度的降低，在同一循环振次下，含水率越大动黏聚力越小。这是因为含水率越大，颗粒间孔隙被水分子填充的越多，颗粒间的静电力、范德华力降低的也越多，而土体中的胶结物被水溶解破坏也越多越快，所以随着含水率的增加，动黏聚力在逐渐减小。由图 4 - 32 可以看出，动内摩擦角随循环振次的增加而减小，但其随含水率的变化表现为含水率为 17.5% 时动内摩擦角明显高于其他含水率对应的值，在含水率大于最优含

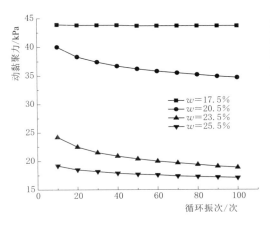

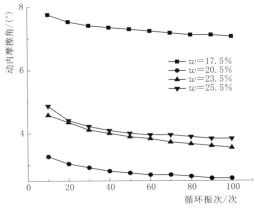

图 4-31 不同含水率下 $c_d - N_f$ 关系
曲线（$\sigma_{3d} = 0$kPa，$\varphi = 0°$）

图 4-32 不同含水率下 $\varphi_d - N_f$ 关系
曲线（$\sigma_{3d} = 0$kPa，$\varphi = 0°$）

水率的情况下，随含水率的增加动内摩擦角逐渐增大，且其值在含水率为 23.5% 和 25.5% 时较为接近。前文已经介绍了在单向振动荷载作用下，土体动强度随含水率的增大而减小，这说明了在含水率比最优含水率大时，动黏聚力的变化在动强度随含水率变化而变化的过程中起主要作用，也即是动黏聚力随含水率的增大而降低的这一规律，比动内摩擦角的变化对动强度的影响要大，最终动黏聚力和动内摩擦角的共同作用体现了这一宏观规律。

4.4.2.2 双向无相位差循环荷载下红土的动强度参数

1. 双向无相位差时含水率对红土动强度参数的影响

同相位的动三轴试验中，双向振动试验也是在围压分别为 100kPa、200kPa、300kPa，含水率分别为 17.5%、20.5%、23.5%、25.5%，侧向动荷载幅值分别为 20kPa、40kPa、60kPa 条件下进行的，在各含水率、各侧向动荷载幅值下分别求出破坏振次 $N_f = 10$，20，30，…，100 次时的动强度参数，见表 4-11。

表 4-11 不同含水率、不同循环振次下红土的动强度参数（$\sigma_{3d} = 20$kPa，$\varphi = 0°$）

循环振次	$w = 17.5\%$		$w = 20.5\%$		$w = 23.5\%$		$w = 25.5\%$	
	c_d/kPa	φ_d/(°)	c_d/kPa	φ_d/(°)	c_d/kPa	φ_d/(°)	c_d/kPa	φ_d/(°)
10	52.2	7.41	46.9	4.59	29.8	4.36	22.2	4.06
20	51.2	7.18	43.2	4.70	28.1	4.19	20.8	3.76
30	50.7	7.07	41.2	4.76	27.1	4.07	20.0	3.58
40	50.3	7.01	39.8	4.82	26.4	4.01	19.4	3.46
50	50.0	6.95	38.7	4.82	25.9	3.96	19.0	3.36
60	49.7	6.89	37.9	4.82	25.4	3.90	18.6	3.28
70	49.5	6.83	37.2	4.88	25.1	3.84	18.3	3.21
80	49.3	6.78	36.6	4.88	24.8	3.84	18.0	3.15
90	49.1	6.78	36.0	4.88	24.5	3.78	17.8	3.10
100	49	6.72	35.6	4.88	24.3	3.78	17.6	3.06

根据表 4-11 可以画出 c_d 和 φ_d 与振动次数的关系曲线，如图 4-33、图 4-34 所示。

由图 4-33 可以看出，在双向无相位差动荷载下，动黏聚力表现出与单向循环振动下相同的变化规律，随循环振次的增大而减小，含水率越大，动黏聚力越小。由图 4-34 可以看出，动内摩擦角也表现为随含水率的增大而减小，这与单向循环振动三轴试验的结果有所不同，说明侧向循环应力幅值对动内摩擦角的影响很大。在双向无相位差时的动三轴试验中，动黏聚力和动内摩擦角随含水率变化而变化的规律相同，在其共同作用下使得土体的动强度随含水率的增大而减小，这与前文中双向无相位差时含水率对红土的动强度影响的规律一致。

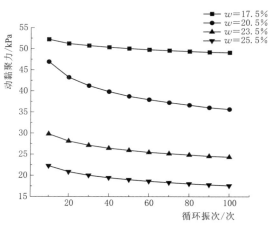

图 4-33　不同含水率下 $c_d - N_f$ 关系
曲线（$\sigma_{3d} = 20\text{kPa}$，$\varphi = 0°$）

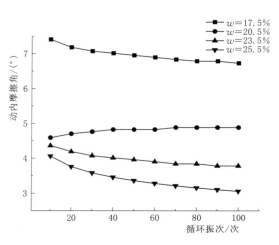

图 4-34　不同含水率下 $\varphi_d - N_f$ 关系
曲线（$\sigma_{3d} = 20\text{kPa}$，$\varphi = 0°$）

在侧向幅值 $\sigma_{3d} = 40\text{kPa}$、$60\text{kPa}$ 时，动黏聚力 c_d 与动内摩擦角 φ_d 随含水率的变化规律基本上与 $\sigma_{3d} = 20\text{kPa}$ 时的规律相似，均为随含水率的增大而减小，此处不再赘述。$\sigma_{3d} = 40\text{kPa}$、$\sigma_{3d} = 60\text{kPa}$ 时的动强度参数分别见表 4-12、表 4-13。

表 4-12　不同含水率、不同循环振次下红土的动强度参数（$\sigma_{3d} = 40\text{kPa}$，$\varphi = 0°$）

循环振次	$w = 17.5\%$		$w = 20.5\%$		$w = 23.5\%$		$w = 25.5\%$	
	c_d/kPa	$\varphi_d/(°)$	c_d/kPa	$\varphi_d/(°)$	c_d/kPa	$\varphi_d/(°)$	c_d/kPa	$\varphi_d/(°)$
10	29.9	9.44	19.5	7.64	17.9	4.59	18	3.5
20	30.8	8.8	19	6.95	14	4.82	13.7	4.07
30	31.2	8.45	18.7	6.55	11.8	4.93	11.4	4.36
40	31.6	8.22	18.4	6.32	10.4	4.99	9.8	4.53
50	31.8	8.05	18.2	6.08	9.3	5.05	8.7	4.65
60	32	7.87	18.1	5.97	8.4	5.11	7.7	4.76
70	32.1	7.76	17.9	5.8	7.7	5.11	7	4.88
80	32.2	7.64	17.8	5.68	7.1	5.16	6.3	4.93
90	32.3	7.53	17.7	5.62	6.6	5.16	5.7	5.05
100	32.4	7.47	17.6	5.51	6.1	5.22	5.2	5.11

表 4 - 13 不同含水率、不同循环振次下红土的动强度参数($\sigma_{3d} = 60\text{kPa}$, $\varphi = 0°$)

循环振次	$w = 17.5\%$		$w = 20.5\%$		$w = 23.5\%$		$w = 25.5\%$	
	c_d/kPa	φ_d/ (°)	c_d/kPa	φ_d/ (°)	c_d/kPa	φ_d/ (°)	c_d/kPa	φ_d/ (°)
10	23.2	9.56	13.3	9.09	8.1	7.41	7.11	6.57
20	22.1	9.38	11.4	8.74	7.4	7.18	4.97	6.46
30	21.5	9.26	10.3	8.57	5.5	7.07	3.73	6.4
40	21	9.21	9.5	8.45	4.8	6.95	2.84	6.35
50	20.7	9.15	9	8.34	4.3	6.89	2.15	6.32
60	20.4	9.09	8.5	8.28	3.9	6.83	1.59	6.29
70	20.2	9.09	8.1	8.22	3.5	6.78	1.12	6.27
80	20	9.03	7.8	8.16	3.2	6.72	0.71	6.24
90	19.8	9.03	7.5	8.11	3	6.72	0.34	6.23
100	19.6	8.97	7.2	8.05	2.8	6.66	0.02	6.21

2. 双向无相位差时侧向循环荷载幅值对红土动强度参数的影响

各含水率下的动强度参数随着侧向循环应力幅值的变化而呈现出一定的变化规律，由表 4 - 11～表 4 - 13 可以作出同一含水率、不同侧向循环应力幅值下，动强度参数与循环振次的关系曲线。含水率 $w = 20.5\%$ 时，各侧向循环应力幅值下，动黏聚力、动内摩擦角与循环振次的关系曲线如图 4 - 35、图 4 - 36 所示。

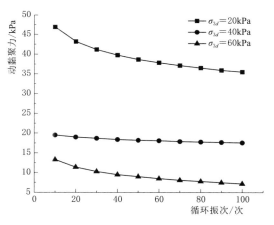

图 4 - 35 不同侧向循环应力幅值下 c_d - N_f 关系曲线 （$w = 20.5\%$, $\varphi = 0°$）

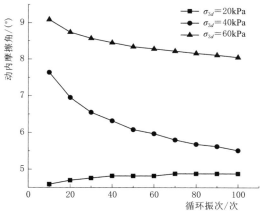

图 4 - 36 不同侧向循环应力幅值下 φ_d - N_f 关系曲线 （$w = 20.5\%$, $\varphi = 0°$）

由图 4 - 35、图 4 - 36 可以看出，随循环振动次数的增加，动黏聚力 c_d 和动内摩擦角 φ_d 整体上表现为逐渐减小的趋势；在同一循环振次下，动黏聚力 c_d 随着侧向循环应力幅值增大而减小，而动内摩擦角 φ_d 随着侧向循环应力幅值增大而增大。在第 3 章已有研究表明，在双向无相位差的同相位试验中（$\varphi = 0°$），同一循环振次下，侧向循环应力幅值越大，红土的动强度越大，这就说明了动内摩擦角的变化，在红土动强度随侧向循环应力幅值的变化而变化的过程中起到主导作用，也即是动内摩擦角随侧向循环应力幅值的增大而引起动摩擦力的增大值，大于动黏聚力随侧向循环应力幅值的增大而减小的值，两者的共同作用表现出的宏观规律为红土的动强度随侧向循环应力幅值的增大而增大。

4.4.2.3　红土动强度参数的定量表达

由图 4-33、图 4-34 可以看出，动黏聚力 c_d 和动内摩擦角 φ_d 与循环振动次数可以用对数曲线较好的拟合，即在半对数坐标系里，动黏聚力 c_d 和动内摩擦角 φ_d 与循环振次取对数之后具有较好的线性关系，如图 4-37、图 4-38 所示。

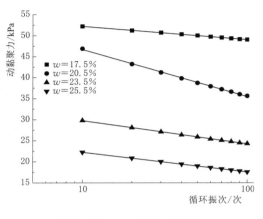

图 4-37　$c_d - \lg N_f$ 的关系　　　　　　　图 4-38　$\varphi_d - \lg N_f$ 的关系

对于动黏聚力 c_d，公式为

$$c_d = A \lg N_f + B \tag{4-11}$$

对于动内摩擦角 φ_d，公式为

$$\varphi_d = C \lg N_f + D \tag{4-12}$$

式中　　　　c_d——动黏聚力；

　　　　　φ_d——动内摩擦角；

　A，B，C，D——与含水率相关的系数。

对图 4-37、图 4-38 拟合得到的系数值见表 4-14。

表 4-14　　　　　　不同含水率下 A、B、C、D 值（$\sigma_{3d} = 20\text{kPa}$，$\varphi = 0°$）

含水率/%	A	B	C	D
17.5	−3.21	55.41	−0.67	8.07
20.5	−11.24	57.93	0.30	4.32
23.5	−5.52	35.28	−0.59	4.96
25.5	−4.67	26.92	−1.00	5.06

各系数与含水率之间具有较好的二次多项式关系，利用二次多项式函数对其进行拟合，再把各拟合值代入式（4-11）、式（4-12），可以得到各含水率、各循环振次下红土的动黏聚力 c_d 和动内摩擦角 φ_d 的拟合公式，即

$$c_d = (157.88 - 15.60w + 0.36w^2)\lg N_f - 150.07 + 22.57w - 0.62w^2 \quad (4-13)$$

$$\varphi_d = (-24.86 + 2.38w - 0.06w^2)\lg N_f + 75.58 - 6.31w + 0.14w^2 \quad (4-14)$$

将其与表 4-11 的计算值进行对比，结果如图 4-39、图 4-40 所示，并可见表 4-15、表 4-16。

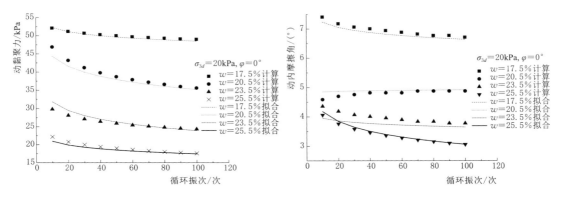

图 4-39　动黏聚力 c_d 的计算值与拟合值对比　　图 4-40　动内摩擦角 φ_d 的计算值与拟合值对比

表 4-15　　　　　　动黏聚力 c_d 的计算值与拟合值的对比表（$\sigma_{3d}=20\text{kPa}$，$\varphi=0°$）

循环振次	$w=17.5\%$			$w=20.5\%$			$w=23.5\%$			$w=25.5\%$		
	计算值/kPa	拟合值/kPa	拟合误差/%	计算值/kPa	拟合值/kPa	拟合误差/%	计算值/kPa	拟合值/kPa	拟合误差/%	计算值/kPa	拟合值/kPa	拟合误差/%
10	52.2	52.3	0.2	46.9	44.3	−5.9	29.8	31.8	6.3	22.2	21	5.7
20	51.2	51.1	−0.2	43.2	41.6	−3.8	28.1	29.4	4.4	20.8	19.9	−4.5
30	50.7	50.5	−0.4	41.2	40.0	−3.0	27.1	28.0	3.2	20.0	19.3	−3.6
40	50.3	50.0	−0.6	39.8	38.8	−2.6	26.4	27.0	2.2	19.4	18.8	−3.2
50	50.0	49.6	−0.8	38.7	37.9	−2.1	25.9	26.3	1.5	19.0	18.5	−2.7
60	49.7	49.3	−0.8	37.9	37.2	−1.9	25.4	25.6	0.8	18.6	18.2	−2.2
70	49.5	49.1	−0.8	37.2	36.6	−1.6	25.1	25.1	0.0	18.3	18.0	−1.7
80	49.3	48.8	−1.0	36.6	36.1	−1.4	24.8	24.7	−0.4	18.0	17.8	−1.1
90	49.1	48.7	−0.8	36.0	35.6	−1.1	24.5	24.2	−1.2	17.8	17.6	−1.1
100	49.0	48.5	−1.0	35.6	35.2	−1.1	24.3	23.9	−1.7	17.6	17.5	−0.6

备注：本章拟合误差定义为(拟合值−计算值)/计算值×100%。

表 4-16　　　　　　动内摩擦角 φ_d 的计算值与拟合值的对比表（$\sigma_{3d}=20\text{kPa}$，$\varphi=0°$）

循环振次	$w=17.5\%$			$w=20.5\%$			$w=23.5\%$			$w=25.5\%$		
	计算值/kPa	拟合值/kPa	拟合误差/%	计算值/kPa	拟合值/kPa	拟合误差/%	计算值/kPa	拟合值/kPa	拟合误差/%	计算值/kPa	拟合值/kPa	拟合误差/%
10	7.41	7.24	2.3	4.59	4.85	−5.7	4.36	3.95	9.4	4.06	4.18	−3.0
20	7.18	7.06	1.7	4.7	4.87	−3.6	4.19	3.86	7.9	3.76	3.84	−2.1

循环振次	$w=17.5\%$			$w=20.5\%$			$w=23.5\%$			$w=25.5\%$		
	计算值/kPa	拟合值/kPa	拟合误差/%	计算值/kPa	拟合值/kPa	拟合误差/%	计算值/kPa	拟合值/kPa	拟合误差/%	计算值/kPa	拟合值/kPa	拟合误差/%
30	7.07	6.95	1.7	4.76	4.88	−2.5	4.07	3.81	6.4	3.58	3.65	−2.0
40	7.01	6.88	1.9	4.82	4.89	−1.5	4.01	3.77	6.0	3.46	3.51	−1.4
50	6.95	6.82	1.9	4.82	4.9	−1.7	3.96	3.74	5.6	3.36	3.4	−1.2
60	6.89	6.78	1.6	4.82	4.9	−1.7	3.9	3.72	4.6	3.28	3.31	−0.9
70	6.83	6.74	1.3	4.88	4.91	−0.6	3.84	3.7	3.6	3.21	3.24	−0.9
80	6.78	6.7	1.2	4.88	4.91	−0.6	3.84	3.68	4.2	3.15	3.17	−0.6
90	6.78	6.67	1.6	4.88	4.92	−0.8	3.78	3.67	2.9	3.1	3.11	−0.3
100	6.72	6.64	1.2	4.88	4.92	−0.8	3.78	3.65	3.4	3.06	3.06	0.0

由图 4 - 39、图 4 - 40 和表 4 - 6、表 4 - 7 可以看出，由拟合公式求出的动黏聚力与试验计算值较为接近，拟合误差基本在 5% 以内，可以很好地运用拟合公式进行拟合，但动内摩擦角的拟合误差率较动黏聚力要大一些，除 $w=23.5\%$ 时的个别点外，基本上多在 5% 以内。

4.4.3 变相位下红土的动强度参数

变相位试验中，围压分别为 100kPa、200kPa、300kPa，相位差为 0°、45°、90°、135°、180°，侧向动荷载幅值分别为 20kPa、40kPa、60kPa，含水率为 25.5%。在各相位差、各侧向动荷载幅值下分别求出破坏振次 $N_f=10$，20，30，…，100 次时的动强度参数。

对于变相位下的动强度参数，将各相位差代入式（4-6）、式（4-7）分别求出最大和最小主应力，按照上文方法分别求出不同相位差、各循环振次下的动强度参数，侧向循环应力幅值 $\sigma_{3d}=20$kPa、40kPa 时，各相位差下的红土动强度参数分别见表 4-17、表 4-18。

表 4 - 17 　　　　不同相位差下红土的动强度参数（$\sigma_{3d}=20$kPa，$w=25.5\%$）

循环振次	$\varphi=0°$		$\varphi=45°$		$\varphi=90°$		$\varphi=135°$		$\varphi=180°$	
	c_d/kPa	φ_d/(°)	c_d/kPa	φ_d/(°)	c_d/kPa	φ_d/(°)	c_d/kPa	φ_d/(°)	c_d/kPa	φ_d/(°)
10	18.1	5.91	17.5	5.45	24.7	4.59	27.9	4.70	22.6	6.03
20	17.8	5.39	17.8	4.93	23.5	4.42	25.9	4.65	21.2	5.85
30	17.6	5.11	18.0	4.65	22.8	4.36	24.8	4.59	20.4	5.74
40	17.4	4.93	18.1	4.47	22.4	4.30	24.0	4.53	19.9	5.62
50	17.2	4.76	18.2	4.30	22.0	4.30	23.4	4.53	19.5	5.57
60	17.1	4.65	18.2	4.19	21.7	4.24	23.0	4.53	19.2	5.51

续表

循环振次	φ=0°		φ=45°		φ=90°		φ=135°		φ=180°	
	c_d/kPa	φ_d/(°)	c_d/kPa	φ_d/(°)	c_d/kPa	φ_d/(°)	c_d/kPa	φ_d/(°)	c_d/kPa	φ_d/(°)
70	17.0	4.53	18.2	4.07	21.5	4.24	22.6	4.47	18.9	5.45
80	16.9	4.47	18.3	4.01	21.3	4.19	22.3	4.47	18.7	5.45
90	16.8	4.42	18.3	3.90	21.1	4.19	22.0	4.47	18.5	5.39
100	16.7	4.30	18.3	3.84	20.9	4.19	21.8	4.47	18.3	5.39

表 4-18　　不同相位差下红土的动强度参数（$\sigma_{3d}=40$kPa, $w=25.5\%$）

循环振次	φ=0°		φ=45°		φ=90°		φ=135°		φ=180°	
	c_d/kPa	φ_d/(°)	c_d/kPa	φ_d/(°)	c_d/kPa	φ_d/(°)	c_d/kPa	φ_d/(°)	c_d/kPa	φ_d/(°)
10	13	5.39	19.2	4.99	24.5	4.93	26.1	5.28	31.1	4.82
20	12.9	5.05	17.2	4.93	20.5	5.22	23.5	5.45	28.2	4.99
30	12.8	4.82	16.1	4.88	18.4	5.34	22.2	5.51	26.8	5.05
40	12.7	4.7	15.4	4.82	17	5.39	21.3	5.57	25.9	5.05
50	12.7	4.59	14.8	4.82	15.9	5.51	20.6	5.62	25.2	5.05
60	12.6	4.53	14.3	4.76	15.1	5.51	20.1	5.62	24.7	5.05
70	12.6	4.47	14	4.76	14.4	5.57	19.6	5.62	24.2	5.05
80	12.5	4.36	13.6	4.76	13.9	5.57	19.3	5.68	23.9	5.05
90	12.5	4.36	13.3	4.7	13.4	5.62	18.9	5.68	23.6	5.05
100	12.4	4.3	13.1	4.7	12.9	5.62	18.7	5.68	23.3	5.05

由表 4-17、表 4-18 可以作出在各相位差下，c_d 和 φ_d 与循环振次的关系曲线，如图 4-41～图 4-44 所示。

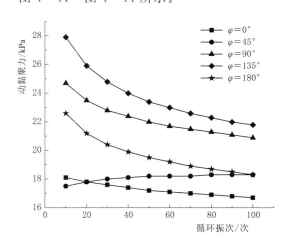

图 4-41　不同相位差下 $c_d - N_f$ 关系曲线（$\sigma_{3d}=20$kPa）

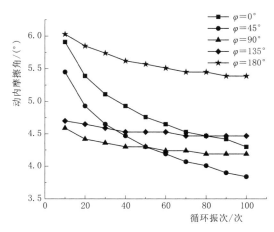

图 4-42　不同相位差下 $\varphi_d - N_f$ 关系曲线（$\sigma_{3d}=20$kPa）

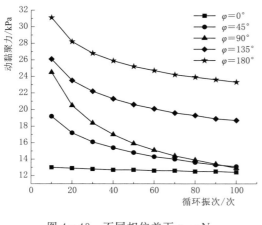

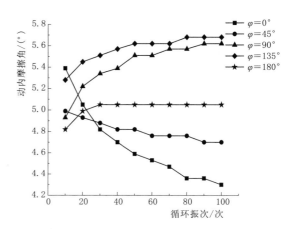

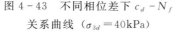

图 4-43　不同相位差下 $c_d - N_f$　　　　图 4-44　不同相位差下 $\varphi_d - N_f$
关系曲线（$\sigma_{3d} = 40$kPa）　　　　　关系曲线（$\sigma_{3d} = 40$kPa）

对比图 4-41～图 4-44 可以看出，当考虑相位差的变化对动强度参数的影响时，动黏聚力和动内摩擦角随循环振次的增加，整体上呈现出衰减的趋势，但动黏聚力和动内摩擦角随相位差的变化呈现出较为混乱的变化趋势，没有规律可循，究其原因为，在根据式（4-6）、式（4-7）求取最大主应力时，其值是在固结应力的基础上叠加了轴向循环应力幅值，而对于最小主应力是在固结应力的基础上根据相位差的变化叠加侧向循环应力幅值。由图 4-30 可以得知，在双向振动三轴试验中，最小主应力根据相位差的变化而在固结围压 σ_{3c} 左右变化，同一循环应力幅值下，在同一相位差、不同的固结应力下，主应力相对于固结应力的相对变化量不同，使得摩尔应力圆的变化程度不同，进而影响强度包线的斜率和截距，即影响动强度参数的大小；同一循环应力幅值下，在不同相位差、不同的固结应力下，主应力对于固结应力的相对变化量更是不同，摩尔应力圆的变化程度也更为不同，动强度参数的变化更会受到影响。主应力对于固结应力的相对变化量和相位差这两者的不同导致动强度参数的变化没有规律。说明在考虑相位差变化的情况下，求取最大和最小主应力时运用式（4-6）、式（4-7）并不合适，需要更多的试验来验证。但对于相位差为零的情况，由上节可知还较为适用，对于变相位差下的动强度参数的求取方法还需要继续进行大量的研究和探索。

4.5　本 章 小 结

在单向、双向循环荷载作用下，以重塑红土为研究对象，利用 SDT-20 型土动三轴试验机进行了一系列的室内动三轴试验，通过试验初步探究了红土的动强度特性。本章主要分析了含水率、固结围压、轴向循环应力幅值、侧向循环应力幅值以及轴向与侧向循环应力之间的相位差等静、动应力状态变量对重塑红土的动强度的影响，同时还对比了在单向、双向循环荷载作用下同一变量对红土动强度变化规律的异同。通过分析，得出的主要结论如下：

（1）在相同条件下，单向和双向动三轴试验中，固结围压对重塑红土动强度的影响规律一致，即是在相同的破坏振次下，固结围压越大，红土的动强度越大。且随着固结围压的增大，相邻两个动强度曲线的间距越来越小，动强度增大的幅度越来越小，增大的趋势也越来越缓慢。

（2）不管是在单向还是双向循环荷载作用下，含水率对红土动强度均有明显影响，在相同循环振次下，红土动强度随含水率的增大而减小，且随着含水率的增大，动强度曲线间距越来越小，动强度降低的速率和幅度也越来越小，最后趋于稳定，含水率对土体动强度的影响也越来越不显著。

（3）在同相位试验中（$\varphi = 0°$），同一循环振次下，红土的动强度随侧向循环应力幅值的增大而增大，且在双向循环动荷载激振下的动强度明显高于单向循环动荷载下的动强度，这就说明了轴向与侧向动荷载之间相位差为零时，在侧向动荷载幅值小于轴向动荷载幅值的情况下，双向振动比单向振动更有利于土体的稳定，且侧向动荷载幅值越大土体越稳定。

在变相位试验中，红土的动强度随侧向循环应力幅值的变化规律整体表现为"正弦"变化现象，即是当 φ 在 $0°\sim90°$ 范围内变化时，相同循环振次下，动强度随侧向循环应力幅值增大而增大；当 φ 在 $90°\sim270°$ 范围内变化时，动强度随侧向循环应力幅值增大而减小；当 φ 在 $270°\sim360°$ 范围内变化时，动强度随侧向循环应力幅值增大而增大。在 $\varphi = 90°$、$\varphi = 270°$ 时，随着侧向循环应力幅值增大，动强度变化规律均表现为先增大后减小，动强度变化趋势由随侧向循环应力幅值增大而增大的趋势向随侧向循环应力幅值增大而减小的趋势过渡。

（4）相位差对红土动强度的影响较为明显。动强度在 $\varphi = 180°$ 两侧随相位差变化呈相反的变化规律，近似呈对称趋势，当 $\varphi < 180°$ 时，在同一循环振次下红土的动强度随相位差的增大而减小，当 $\varphi > 180°$ 时，动强度随相位差增大而增大。$\varphi = 0°$ 时红土动强度最大，$\varphi = 180°$ 时动强度最小。在 $\varphi = 180°$ 和 $\sigma_{3d} = 60\mathrm{kPa}$ 时的动荷载组合下，红土的动强度为 $\varphi = 180°$ 和 $\sigma_{3d} = 20\mathrm{kPa}$ 组合下动强度值的 59.1%，同时其值是 $\varphi = 0°$ 和 $\sigma_{3d} = 60\mathrm{kPa}$ 组合下动强度值的 33.5%。相位差与侧向循环应力幅值大小的组合情况对土体的动强度影响相当重要，因此在实际工程抗震设计时，应充分考虑双向动荷载相位差为 $180°$ 且径向动荷载幅值较大的组合情况。

（5）不同固结围压、侧向循环应力幅值条件下，对比相位差为 $0°$ 和 $180°$ 时红土的动强度值可以发现，$\varphi = 180°$ 时的动强度较 $\varphi = 0°$ 时的动强度有明显的衰减，表现为在同一固结围压下，侧向循环应力幅值越大，衰减率也越大；而在相同的侧向循环应力幅值下，固结围压越大，衰减率越小。在小围压、大侧向循环应力幅值以及相位差为 $180°$ 的条件下，双向动荷载作用对土体的稳定极为不利，实际的工程抗震设计中，应给予足够的重视和充分的考虑。

（6）根据笔者提出的求取最大和最小主应力的方法求取动强度参数，在单向、双向无相位差的振动三轴试验中较为适用，而在双向变相位的振动三轴试验中并不适用。在单向循环振动三轴试验中，c_d 随含水率的增大而减小，而 φ_d 在含水率大于最优含水率时随含水率增大而增大；在双向无相位差的同相位试验中，c_d 和 φ_d 均随含水率的增大而减小，而侧向循环应力幅值对 c_d 和 φ_d 的影响表现为侧向循环应力幅值越大，c_d 越小，而 φ_d 却越大。c_d 和 φ_d 的共同作用体现了土体的动强度随各变量变化而变化的宏观规律，c_d、φ_d 与循环振次的对数 $\lg N_f$ 均具有较好的线性关系，都可以用对数方程进行回归拟合，对动黏聚力 c_d 的拟合误差较小。

参 考 文 献

［1］孔令伟，罗鸿禧. 游离氧化铁形态转化对红粘土工程性质的影响［J］. 岩土力学，1993，14（4）：25－39.

［2］孔令伟，罗鸿禧，袁建新. 红粘土有效胶结特征的初步研究［J］. 岩土工程学报，1995，17（5）：42－47.

［3］龙万学，陈开圣，肖涛，等. 非饱和红黏土三轴试验研究［J］. 岩土力学，2009，30（S2）：28－33.

［4］柏巍，孔令伟，郭爱国，等. 红黏土地基承载力和变形参数的空间分布特征分析［J］. 岩土力学，2010，31（S2）：164－169.

［5］柏巍，万智. 红黏土地区地基承载力的可拓综合评测方法［J］. 公路，2010（7）：85－90.

［6］刘晓红，杨果林，方薇. 武广高铁沿线红黏土自振柱试验研究［J］. 铁道科学与工程学报，2010，7（5）：36－40.

［7］刘晓红，杨果林，方薇. 武广客运专线红黏土动力特性试验研究［J］. 路基工程，2010（6）：1－4.

［8］刘晓红，杨果林，方薇. 红黏土临界动应力与高速无碴轨道路堑基床换填厚度［J］. 岩土工程学报，2011，33（3）：348－353.

［9］刘晓红，杨果林，方薇. 红黏土动本构关系与动模量衰减模型［J］. 水文地质工程地质，2011，38（3）：66－72.

［10］骆俊晖. 海口红土动力特性研究［D］. 海口：海南大学，2012.

［11］章敏，王星华，杨光程，等. 循环荷载作用下单桩动力模型试验与桩 土界面特性研究［J］. 岩土力学，2013，34（4）：1037－1044.

［12］周健，朱耀民，简琦薇，等. 海运红土镍矿的动三轴试验研究［J］. 江苏科技大学学报（自然科学版），2013，27（6）：523－527.

［13］李光范，骆俊晖，胡伟，等. 海口红土动孔隙水压力特性分析［J］. 路基工程，2013，（4）：57－61.

［14］李剑，陈善雄，姜领发，等. 重塑红黏土动剪切模量与阻尼比的共振柱试验［J］. 四川大学学报（工程科学版），2013，45（4）：62－68.

［15］阳卫红. 南昌地区红土的动力特性研究［D］. 南昌：南昌大学，2014.

［16］李剑，陈善雄，姜领发，等. 应力历史对重塑红黏土动力特性影响的试验研究［J］. 岩土工程学报，2014，36（9）：1657－1665.

［17］穆坤，郭爱国，柏巍，等. 循环荷载作用下广西红黏土动力特性试验研究［J］. 地震工程学报，2015（2）：487－493.

［18］谢定义. 土动力学［M］. 北京：高等教育出版社，2011：53，141.

［19］谷川，蔡袁强，王军. 地震 P 波和 S 波耦合的变围压动三轴试验模拟［J］. 岩土工程学报，2012，34（10）：1903－1909.

［20］许成顺，刘海强，杜修力，等. 侧限条件下饱和砂土的液化机理研究［J］. 土木工程学报，2014，47（4）：92－98.

［21］曾召田. 膨胀土干湿循环效应与微观机制研究［D］. 南宁：广西大学，2007.

［22］张锦锦. 干湿循环条件下胀缩性土强度的试验研究［D］. 南宁：广西大学，2011.

［23］陈永亮. 击实黄土动强度试验成果分析方法［J］. 中国科技博览，2009（9）：246.

［24］于连顺. 干湿交替环境下膨胀土的累积损伤研究［D］. 南宁：广西大学，2008.

［25］ 吕海波，曾召田，赵艳林，等. 胀缩性土强度衰减曲线的函数拟合［J］. 岩土工程学报，2013，35
（s2）：157-162.

［26］ 余湘娟，房震，鲍陈阳，等. 煤矸石动强度特性试验研究［J］. 岩土力学，2005，26（s1）：102-104.

［27］ 毛尚礼，余湘娟，张富有. 昆明黏性土动力特性试验研究［J］. 地震工程与工程振动，2011，31
（2）：170-174.

［28］ 陈开圣，熊岚，彭小平. 三轴试验成果整理 p-q 法在红黏土中的应用［J］. 路基工程，2009（2）：
37-38.

［29］ 覃欲晓，吴小流. EXCEL 在三轴试验资料整理中的应用［J］. 广西城镇建设，2008（9）：85-87.

［30］ 南京水利科学研究院. 土工试验规程 SL 237—1999［S］. 北京：中国水利水电出版社，1999.

第5章　双向动荷载作用下红土的动变形特性

5.1　试验仪器和研究方案

试验所采用的仪器设备、土样指标与制备均和动强度试验相同，见本书 4.3.1。

5.1.1　试验方案

1. 主要研究内容

（1）固定重塑土样的含水率，在相位差为零条件下进行等压固结，分别控制固结应力为 100kPa、200kPa、300kPa，径向动荷载幅值为 0kPa、10kPa、30kPa、50kPa 下进行双向激振试验，分析径向动荷载幅值和固结应力对重塑红土动应力应变关系曲线发展规律的影响。

（2）在相位差为零条件下进行等压固结，分别控制含水率为 14％、17％、20％、23％、26％，固结应力为 100kPa、200kPa、300kPa，径向动荷载幅值为 0kPa、10kPa、30kPa、50kPa 下进行双向激振试验，分析径向动荷载幅值对重塑红土动剪切模量发展规律的影响，以及含水率、固结应力、径向动荷载幅值对重塑红土滞回曲线特性和阻尼比特性的影响。

（3）固定重塑土样的含水率，在相位差为零条件下进行偏压固结，控制固结应力为 200kPa，固结比为 1.00、1.25、1.50、1.75，径向动荷载幅值为 0kPa、10kPa、30kPa、50kPa 下进行双向激振试验，分析固结比对重塑红土动剪切模量发展规律的影响，以及预剪应力和径向动荷载幅值对动剪应变发展规律的影响。

（4）在相位差为零条件下进行等压固结，控制含水率为 14％、17％、20％、23％、26％，固结应力为 100kPa、200kPa、300kPa，径向动荷载幅值为 30kPa 下进行双向激振试验，分析固结应力对重塑红土动剪应变发展规律的影响。

（5）固定重塑土样的含水率，在等压固结情况下，控制固结应力为 200kPa，径向动荷载幅值为 10kPa、30kPa、50kPa，轴向动荷载和径向动荷载相位差为 0°、45°、90°、135°、180°、225°、270°、315°、360°下进行双向激振试验，分析相位差对重塑红土初始动剪切模量和动剪应变发展规律的影响。

2. 具体方案

本书拟在双向动荷载作用下探究含水率、固结应力、固结比、径向动荷载幅值以及相位差对重塑红土的动应力-应变关系曲线、动剪切模量、初始动剪切模量、动剪应变、滞回曲线和阻尼比特性的影响，整体试验分为两部分，即同相位试验部分和变相位试验部分，具体如下：

（1）同相位试验。同相位试验（轴向和径向动荷载之间的相位差为零）的主要目的是探求含水率、固结应力、固结比、径向动荷载幅值对重塑红土的动应力-应变关系曲线、动剪切模量、动剪应变、滞回曲线和阻尼比特性的影响。该部分试验包括在不同含水率、不同固结应力和不同径向动荷载幅值下进行的等压固结不排水剪切试验和偏压固结不排水剪切试验。试验中，循环偏应力为轴向动荷载与径向动荷载的差值，即 $q_d = \sigma_{dv} - \sigma_{dh}$，初始循环偏应力则为初始轴向动荷载幅值与径向动荷载幅值的差值，本试验保持初始循环偏应力为零，即 $q_{ds} = \sigma_{dvms} - \sigma_{dhm} = 0$。

（2）变相位试验。变相位试验拟在探求双向动荷载作用下，轴向动荷载和径向动荷载之间的相位差对红土初始动剪切模量和动剪切应变性质的影响。该部分试验主要是在相同径向动荷载幅值下，在不同的轴向动荷载和径向动荷载相位差下进行的等压固结不排水剪切试验。

具体的试验方案见表 5-1，其中：$\tau_s = 0.5\sigma_{3c}(k_c - 1)$。

表 5-1　　　　　　　　　　　　　　试 验 方 案 一 览 表

试验类型	固结应力 σ_{3c}/kPa	固结比 k_c	预剪应力 τ_s/kPa	含水率 w/%	相位差 φ/(°)	径向动荷载幅值 σ_{dhm}/kPa
同相位	100 200 300	1.00	0	14 17 20 23 26	0	0 10 30 50
	200	1.25 1.50 1.75	25 50 75	20	0	0 10 30 50
变相位	200	1.00	0	20	0 45 90 135 180 225 270 315 360	10 30 50

5.1.2　试验步骤

实际的地震发生时，地震荷载的作用时间非常短暂，受到地震荷载的土体没有时间进行排水，故本书所有的土样均进行固结不排水三轴剪切试验。对于等压固结土样，施加固结应力至事先设定的试验方案的固结应力数值，待固结应力施加完毕后开始进行固结，若土样的轴向变形在 30min 内不大于 0.01mm，则认为该土样固结稳定。偏压固结时，首先施加轴压和围压至等压状态，然后以 1kPa/min 的加荷速率缓慢施加轴向不等压部分，待偏压荷载施加到预先设定大小后开始固结。若土样的轴向变形在 30min 内不大于

0.01mm，则认为该土样固结稳定，土样固结稳定后，开始进行试验，在轴向和径向施加简谐正弦荷载，进行双向激振，轴向和径向荷载频率均为 1Hz。

动变形试验过程中，轴向动荷载采用多级加载，荷载幅值逐级增加，每级荷载增加幅度为 10kPa，径向动荷载幅值始终保持不变。土样在每一级动荷载作用下激振 10 次，然后立即进行下级加载，土样的轴向应变大于 5% 时，认为该土样达到破坏。选取每一级动荷载激振的第五周次的数据进行结果分析。试验荷载形式如图 5-1 所示。

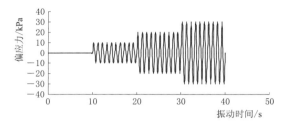

图 5-1　分级动三轴试验循环偏
应力荷载波形示意图

5.2　双向动荷载作用下红土的动剪切模量特性

5.2.1　动应力-动应变关系曲线

动应力-动应变关系是土体的基本土性关系，一般具有非线性、滞后性、应变累积性三个基本特点，在土体动力分析时必不可少。

齐剑峰等研究发现，双向耦合应力中的轴向偏差应力对动剪切模量具有增大作用，王军等研究发现，在动应变一定的情况下，随着径向循环应力比的增加，动模量降低。为研究双向动荷载耦合作用对红土动变形特性的影响，本书画出红土的动应力-动应变关系曲线进行研究分析，如图 5-2 所示。图 5-2（a）～（c）分别为固结应力为 100kPa、200kPa 和 300kPa 下，红土在等压固结情况下，不同径向动荷载幅值时的动应力-动应变关系曲线，可以看出：当固结应力为 100kPa 时，径向动荷载幅值越大即初始双向动荷载耦合作用越强，施加动荷载初期动应力-动应变关系曲线更陡、更高；当固结应力为 200kPa 和 300kPa 时，随着初始双向动荷载耦合作用增强，动应力-动应变关系曲线先变陡、变高，再变缓、变低。这主要是因为固结应力较小时，预压密作用不够充分，红土在双向动荷载耦合作用下的动变形发展经历了短暂的振动压密阶段，初始双向动荷载耦合作用越强，振动压密作用越强，轴向动荷载幅值到达同一水平时经历的振动循环次数相对越小，初始径向动荷载幅值较大时比初始径向动荷载幅值较小时达到相同的动应变需要相对更大的双向动荷载耦合作用和相对更多的振动循环次数，表现为动应力-动应变关系曲线初期更陡、更高，后期更高；而固结应力较大时，预压密作用较为充分，双向动荷载耦合作用对土体的振动压密作用减弱，红土在较小初始双向动荷载耦合作用下动变形的发展经历了短暂的振动压密阶段后进入振动剪切阶段，而在较大的初始双向动荷载耦合作用下土体甚至不经历振动压密阶段而直接进入振动剪切阶段，即较大的初始双向动荷载耦合作用会更容易促使土体变形的发展，表现为动应力-动应变关系曲线变缓、变低。

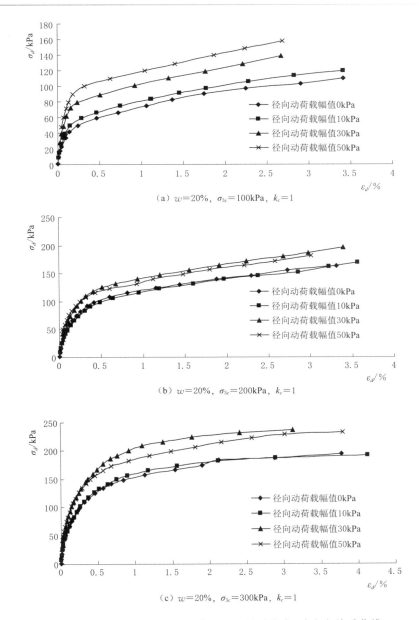

（a）$w=20\%$，$\sigma_{3c}=100\text{kPa}$，$k_c=1$

（b）$w=20\%$，$\sigma_{3c}=200\text{kPa}$，$k_c=1$

（c）$w=20\%$，$\sigma_{3c}=300\text{kPa}$，$k_c=1$

图 5 - 2　不同径向动荷载幅值下红土的动应力-动应变关系曲线

5.2.2　动剪切模量概述

动模量是土体动力反应分析的重要参数，把土视为黏弹性体时，动模量可以很好地反应土体动应力-动应变关系的非线性，如图 5 - 3 所示。

土体自身因素，包括密度、含水率、孔隙率等，以及土体所承受的应力条件，包括固结应力、固结比、动荷载类型、动荷载幅值、动荷载频率等都对土体的动模量有一定影响，国内外学者探究了以上各类因素对土体动模量的影响，并取得许多有用的成果。动剪切模量可以反映土体在荷载作用下抵抗剪切变形的能力，土体的动剪切模量越大，说明土体的刚性越强。随着动荷载的施加，土体的动剪切模量会逐渐衰减，这表明了土体刚度随动荷载作用慢慢退化的性质。土体在单向循环荷载作用下，动剪切模量随动剪应变的典型衰减曲线如图 5-4 所示。

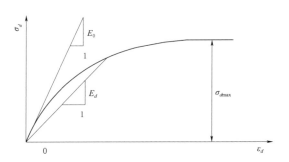

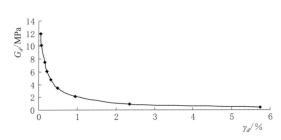

图 5-3　土体动应力-动应变骨干曲线　　　　图 5-4　土体动剪切模量随动剪
　　　　　　　　　　　　　　　　　　　　　　　　应变的典型衰减曲线

许多土体动力特性试验研究成果表明，土体在动荷载作用下的动剪应力-动剪应变骨干曲线表现出非线性特性，呈双曲线型，其中 H-D（Hardin and Drnevich）双曲线模型能够很好地描述土体在动荷载作用下的动剪应力-动剪应变关系的非线性特性。H-D 双曲线模型公式为

$$\tau_d = \frac{\gamma_d}{\dfrac{1}{G_0} + \dfrac{\gamma_d}{\tau_{d\max}}} = \frac{\gamma_d}{a + b\gamma_d} \tag{5-1}$$

$$G_d = \frac{\tau_d}{\gamma_d} = \frac{1}{\dfrac{1}{G_0} + \dfrac{\gamma_d}{\tau_{d\max}}} = \frac{1}{a + b\gamma_d} \tag{5-2}$$

$$\frac{1}{G_d} = \frac{\gamma_d}{\tau_d} = \frac{1}{G_0} + \frac{\gamma_d}{\tau_{d\max}} = a + b\gamma_d \tag{5-3}$$

式中　τ_d——动剪切应力；

　　　γ_d——动剪切应变；

　　　G_d——动剪切模量；

　　　G_0——初始动剪切模量，即最大动剪切模量；

　　　$\tau_{d\max}$——最大动剪切应力；

　　　a，b——式（5-3）所对应直线的截距和斜率，截距 $a=1/G_0$，斜率 $b=1/\tau_{d\max}$。

由 $\gamma_d = \varepsilon_d(1+\mu)$，$G_d = E_d/2(1+\mu)$ 可知 σ_d-ε_d 关系和 τ_d-γ_d 关系具有相同的规律，这一点已被大量研究证实，故 H-D 双曲线模型公式还可以表示为

$$\sigma_d = \frac{\varepsilon_d}{\dfrac{1}{E_0} + \dfrac{\varepsilon_d}{\sigma_{d\max}}} = \frac{\varepsilon_d}{a + b\varepsilon_d} \tag{5-4}$$

$$E_d = \frac{\sigma_d}{\varepsilon_d} = \frac{1}{\dfrac{1}{E_0} + \dfrac{\varepsilon_d}{\sigma_{d\max}}} = \frac{1}{a + b\varepsilon_d} \tag{5-5}$$

$$\frac{1}{E_d} = \frac{\varepsilon_d}{\sigma_d} = \frac{1}{E_0} + \frac{\varepsilon_d}{\sigma_{d\max}} = a + b\varepsilon_d \qquad (5-6)$$

式中 σ_d——动应力；

      ε_d——动应变；

      E_d——动弹性模量；

      E_0——初始动弹性模量，即最大动弹性模量；

   $\sigma_{d\max}$——最大动应力；

     a，b——式（5-6）所对应直线的截距和斜率，$a = 1/E_0$，$b = 1/\sigma_{d\max}$。

由式（5-2）看出，H-D 双曲线模型公式可描述土体动剪切模量和动剪应变之间的非线性关系，且由式（5-3）可看出，土体动剪切模量的倒数和动剪切应变之间表现出良好的线性关系。

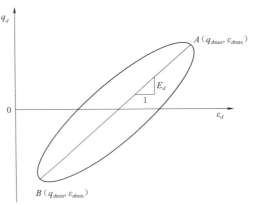

土体动弹性模量是指土体在弹性变形条件下，动应力和动应变的比值，即 $E_d = \sigma_d/\varepsilon_d$。然而土体在动荷载作用下，并不是发生了完全弹性响应，故本书利用土体在每一次循环荷载作用下的滞回曲线来近似计算红土土样的动弹性模量，（如图 5-5 所示）动弹性模量为

图 5-5   动弹性模量计算示意图

$$E_d = \frac{q_{d\max} - q_{d\min}}{\varepsilon_{d\max} - \varepsilon_{d\min}} \qquad (5-7)$$

式中 $q_{d\max}$——每一循环中土体的最大循环偏应力；

     $q_{d\min}$——每一循环中的最小循环偏应力；

     $\varepsilon_{d\max}$——每一循环中的最大动应变；

     $\varepsilon_{d\min}$——每一循环中的最小动应变。

此时，动弹性模量代表动应力与可恢复的动应变之间的比值关系。利用试验结果通过计算得到的红土土样的动弹性模量 E_d 和动应变 ε_d，换算出红土土样的动剪切模量 G_d 和动剪切应变 γ_d 为

$$G_d = E_d/2(1 + \mu) \qquad (5-8)$$

$$\gamma_d = \varepsilon_d(1 + \mu) \qquad (5-9)$$

式中 μ——红土土样的泊松比，本书拟通过室内动三轴试验来分析红土动剪切模量的变化规律，故采用了上述的换算方法，由于试验材料为低液限黏土，故取泊松比值 $\mu = 0.4$。

5.2.3   红土的动剪切模量特性

5.2.3.1   不同径向动荷载幅值下红土的动剪切模量

本书在分析径向动荷载幅值对动剪切模量的影响规律时，同时利用了红土的动剪切模

量-动剪切应变（G_d-γ_d）关系曲线和动剪切模量-循环周次（G_d-N）关系曲线，主要原因为，试验过程中，不同径向动荷载幅值下的 G_d-γ_d 关系曲线分布在一个很小的范围内，分离不明显，利用 G_d-γ_d 关系曲线不容易看出各个变量对动剪切模量的影响，而不同径向动荷载幅值下，红土的 G_d-N 关系曲线表现出明显分离的特性，更容易看出变量对动剪切模量变化规律的影响，因此本书画出红土的 G_d-N 关系曲线用以辅助分析。

1. 不同径向动荷载幅值下红土的 G_d-γ_d 关系曲线

固结应力为 100kPa、200kPa 和 300kPa 下，红土在等压固结情况下，不同径向动荷载幅值时的动剪切模量-动剪应变关系曲线如图 5-6～图 5-8 所示。由图 5-6～图 5-8 可以看出，双向动荷载作用下，红土的动剪切模量随着动剪切应变的增大而减小，当动剪应变小于 0.5％时，红土的动剪切模量急剧减小，当动剪应变大于 0.5％时，动剪切模量随着动剪应变的增大而降低的速率减小并最终趋于稳定。

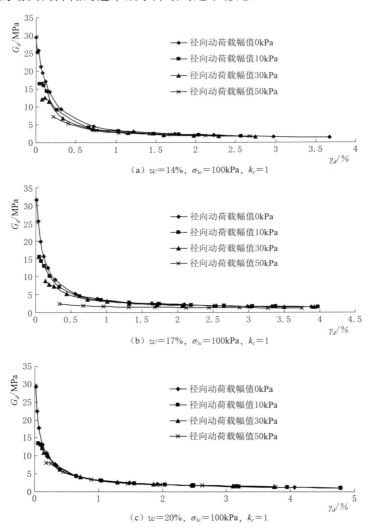

(a) $w=14\%$，$\sigma_{3c}=100$kPa，$k_c=1$

(b) $w=17\%$，$\sigma_{3c}=100$kPa，$k_c=1$

(c) $w=20\%$，$\sigma_{3c}=100$kPa，$k_c=1$

图 5-6（一）　不同径向动荷载幅值下红土的 G_d-γ_d 关系曲线（$\sigma_{3c}=100$kPa）

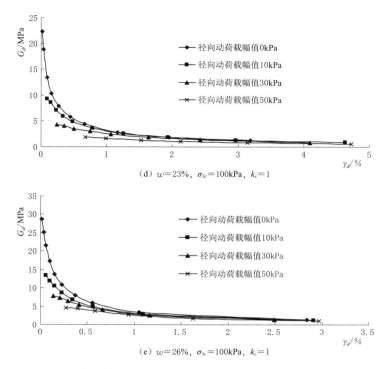

（d）$w=23\%$，$\sigma_{3c}=100\text{kPa}$，$k_c=1$

（e）$w=26\%$，$\sigma_{3c}=100\text{kPa}$，$k_c=1$

图 5-6（二）　不同径向动荷载幅值下红土的 G_d-γ_d 关系曲线（$\sigma_{3c}=100\text{kPa}$）

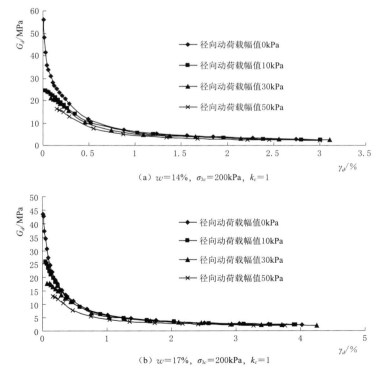

（a）$w=14\%$，$\sigma_{3c}=200\text{kPa}$，$k_c=1$

（b）$w=17\%$，$\sigma_{3c}=200\text{kPa}$，$k_c=1$

图 5-7（一）　不同径向动荷载幅值下红土的 G_d-γ_d 关系曲线（$\sigma_{3c}=200\text{kPa}$）

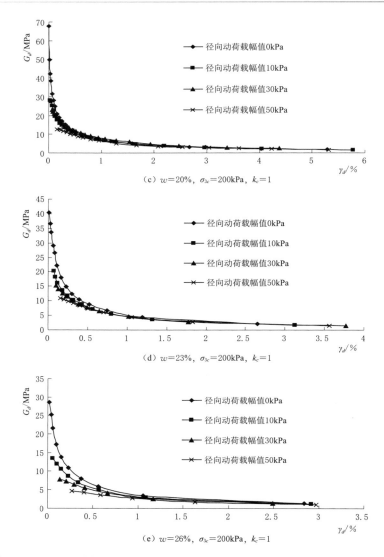

图 5-7（二）　不同径向动荷载幅值下红土的 G_d-γ_d 关系曲线（$\sigma_{3c}=200\text{kPa}$）

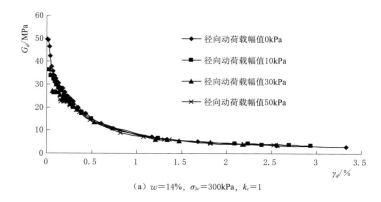

图 5-8（一）　不同径向动荷载幅值下红土的 G_d-γ_d 关系曲线（$\sigma_{3c}=300\text{kPa}$）

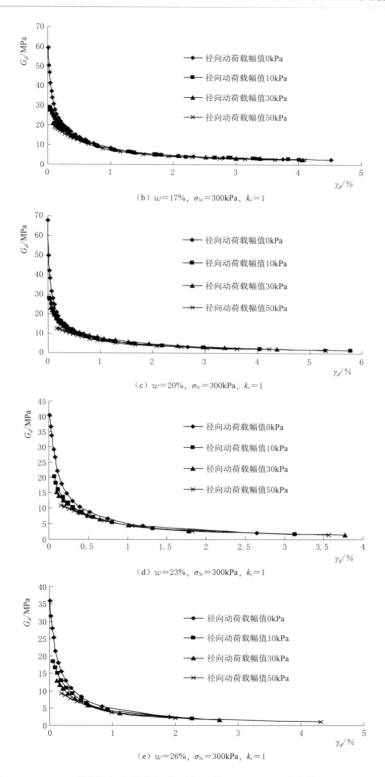

（b）$w=17\%$，$\sigma_{3c}=300\text{kPa}$，$k_c=1$

（c）$w=20\%$，$\sigma_{3c}=300\text{kPa}$，$k_c=1$

（d）$w=23\%$，$\sigma_{3c}=300\text{kPa}$，$k_c=1$

（e）$w=26\%$，$\sigma_{3c}=300\text{kPa}$，$k_c=1$

图 5-8（二）　不同径向动荷载幅值下红土的 G_d-γ_d 关系曲线（$\sigma_{3c}=300\text{kPa}$）

在双向动荷载作用下，径向动荷载幅值对红土的 G_d - γ_d 关系曲线没有明显的影响，不同径向动荷载幅值作用下，红土的 G_d - γ_d 关系曲线基本重合或分布在极小的范围内，但径向动荷载幅值对初期振动时的动剪切模量有一定影响，振动初期的动剪切模量随径向动荷载幅值的增大而减小，这与王军等的研究结果一致。

2. 不同径向动荷载幅值下红土的 G_d - N 关系曲线

固结应力为 100kPa、200kPa 和 300kPa 下，红土在等压固结情况下，不同径向动荷载幅值下的动剪切模量-动荷载循环周次关系曲线如图 5-9～图 5-11 所示。可以看出，红土的动剪切模量随着动荷载循环周次的增大发生衰减，径向动荷载幅值对红土在双向动荷载作用下的 G_d - N 关系曲线有明显的影响，在相同的动荷载循环周次下，径向动荷载幅值的增大明显地降低了红土的动剪切模量。也就是说，红土在较大的径向动荷载幅值下，其剪切刚度软化更快，在相对较小的循环周次下即发生破坏。这主要是因为土样在轴向产生不均匀明显变形，此时径向动荷载的施加会使土样内产生附加应力，这种附加应力会降低土体的剪切刚度。

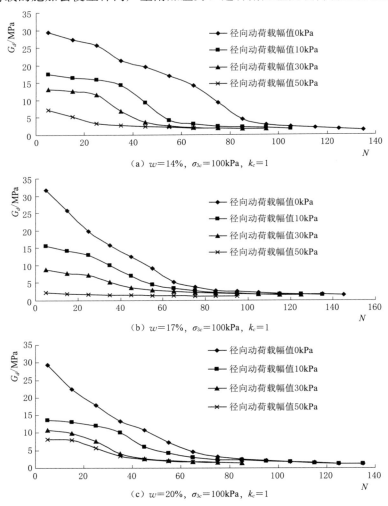

图 5-9（一）　不同径向动荷载幅值下红土的 G_d - N 关系曲线 (σ_{3c} = 100kPa)

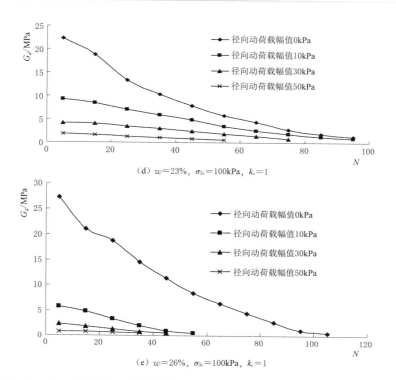

(d) $w=23\%$, $\sigma_{3c}=100\text{kPa}$, $k_c=1$

(e) $w=26\%$, $\sigma_{3c}=100\text{kPa}$, $k_c=1$

图 5-9（二） 不同径向动荷载幅值下红土的 G_d-N 关系曲线（$\sigma_{3c}=100\text{kPa}$）

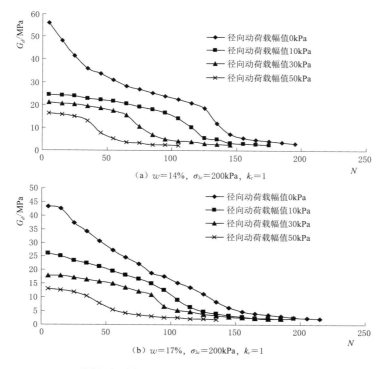

(a) $w=14\%$, $\sigma_{3c}=200\text{kPa}$, $k_c=1$

(b) $w=17\%$, $\sigma_{3c}=200\text{kPa}$, $k_c=1$

图 5-10（一） 不同径向动荷载幅值下红土的 G_d-N 关系曲线（$\sigma_{3c}=200\text{kPa}$）

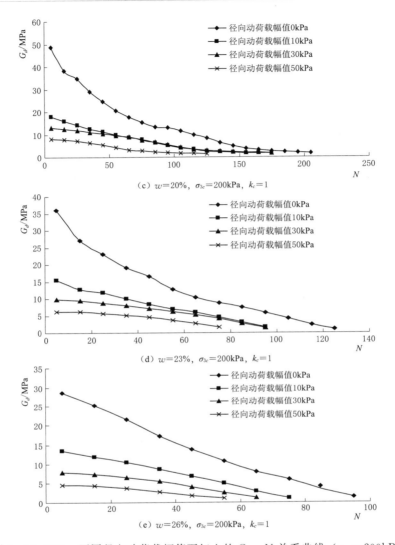

图 5-10（二） 不同径向动荷载幅值下红土的 G_d - N 关系曲线（σ_{3c} =200kPa）

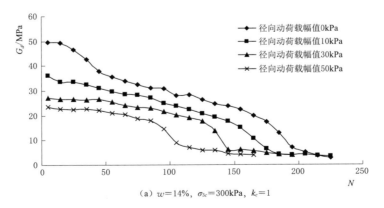

（a）w=14%，σ_{3c}=300kPa，k_c=1

图 5-11（一） 不同径向动荷载幅值下红土的 G_d - N 关系曲线（σ_{3c} =300kPa）

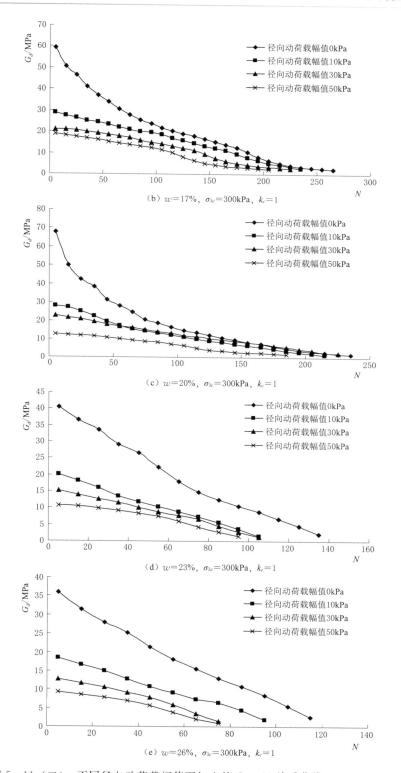

（b）$w=17\%$，$\sigma_{3c}=300\text{kPa}$，$k_c=1$

（c）$w=20\%$，$\sigma_{3c}=300\text{kPa}$，$k_c=1$

（d）$w=23\%$，$\sigma_{3c}=300\text{kPa}$，$k_c=1$

（e）$w=26\%$，$\sigma_{3c}=300\text{kPa}$，$k_c=1$

图 5 - 11（二） 不同径向动荷载幅值下红土的 G_d - N 关系曲线（$\sigma_{3c}=300\text{kPa}$）

5.2.3.2　不同固结比下红土的动剪切模量

1. 不同固结比下红土的 $G_d - \gamma_d$ 关系曲线

固结应力为 200kPa 下，红土在偏压固结情况下，不同固结比下的动剪切模量-动剪应变关系曲线如图 5-12 所示。图 5-12 中，红土在双向动荷载作用下，径向动荷载幅值较小时不同固结比下的 $G_d - \gamma_d$ 关系曲线重合或在一个极小的范围内分布，径向动荷载幅值较大时不同固结比下的 $G_d - \gamma_d$ 关系曲线分离明显。

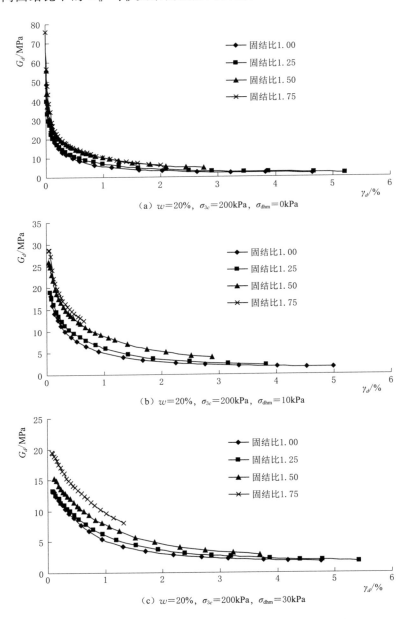

(a) $w = 20\%$, $\sigma_{3c} = 200\text{kPa}$, $\sigma_{dhm} = 0\text{kPa}$

(b) $w = 20\%$, $\sigma_{3c} = 200\text{kPa}$, $\sigma_{dhm} = 10\text{kPa}$

(c) $w = 20\%$, $\sigma_{3c} = 200\text{kPa}$, $\sigma_{dhm} = 30\text{kPa}$

图 5-12 (一)　不同固结比下红土的 $G_d - \gamma_d$ 关系曲线

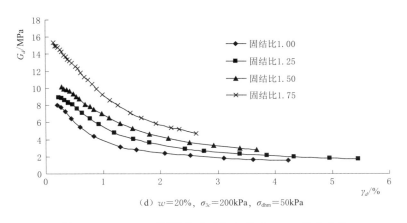

(d) $w=20\%$, $\sigma_{3c}=200\text{kPa}$, $\sigma_{dhm}=50\text{kPa}$

图 5-12（二）　不同固结比下红土的 $G_d - \gamma_d$ 关系曲线

2. 不同固结比下红土的 $G_d - N$ 关系曲线

为了更好地看出变量对动剪切模量的影响，因此作红土的 $G_d - N$ 关系曲线用以辅助分析，如图 5-13 所示。图 5-13 为固结应力 200kPa 下，红土在偏压固结情况下，不同固结比下的动剪切模量-动荷载循环周次关系曲线，从图 5-13 可以看出，固结比对红土的 $G_d - N$ 关系曲线有明显的影响，随着固结比的增大，相同循环周次下红土的动剪切模量增大，这说明，相比等压固结时，固结比的增大明显减弱了红土剪切刚度的衰减，当相同次数的循环荷载作用时，固结比越大，红土抵抗剪切变形的能力越强。究其原因，主要是因为偏压固结时，红土土样在轴向受到了预压作用，这种预压作用使得红土土样更加密实，颗粒间的接触面积增大，摩擦力增强，其抵抗剪切变形的能力必然会加强，而且固结比越大，这种预压密作用越强，因而红土的动剪切模量也就越大。

5.2.3.3　不同相位差下红土的初始动剪切模量

土体的初始动剪切模量又称为土体的最大动剪切模量，用 G_0 表示。由土体的动剪切模量衰减曲线可以看出，红土的动剪切模量随着动剪应变的增大呈现减小趋势，因此，当动剪切应变趋近于零时，动剪切模量会达到最大值，也就是土体的初始动剪切模量。但是在试验过程中无法实现使土体的动剪切应变达到零，因为试验开始后，动剪切应变必然大

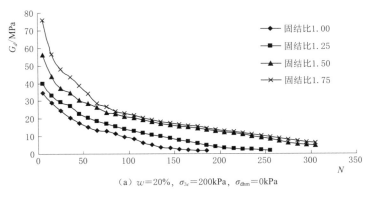

(a) $w=20\%$, $\sigma_{3c}=200\text{kPa}$, $\sigma_{dhm}=0\text{kPa}$

图 5-13（一）　不同固结比下红土的 $G_d - N$ 关系曲线

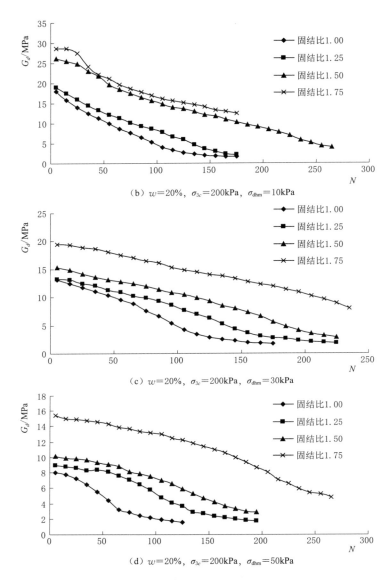

（b）$w=20\%$，$\sigma_{3c}=200\mathrm{kPa}$，$\sigma_{dhm}=10\mathrm{kPa}$

（c）$w=20\%$，$\sigma_{3c}=200\mathrm{kPa}$，$\sigma_{dhm}=30\mathrm{kPa}$

（d）$w=20\%$，$\sigma_{3c}=200\mathrm{kPa}$，$\sigma_{dhm}=50\mathrm{kPa}$

图 5-13（二）　不同固结比下红土的 $G_d - N$ 关系曲线

于零。在实际工程中，可以把相应于微小剪应变（如剪应变小于 $10^{-4}\%$）时的动剪切模量作为初始动剪切模量。

由式（5-3）可以看出，土体动剪切模量的倒数随动剪应变的增大呈良好的线性关系。红土初始动剪切模量可以利用 $1/G_d - \gamma_d$ 关系曲线纵轴截距的倒数求得，即 $G_0 = 1/a$。为了探究轴向动荷载和径向动荷载之间的相位差对小应变幅值下红土动剪切模量的影响，本书利用 $1/G_d - \gamma_d$ 关系反算出固结应力为 $200\mathrm{kPa}$ 时，不同相位差下红土的初始动剪切模量 G_0，并分析了相位差对初始动剪切模量发展规律的影响。

固结围压为 $200\mathrm{kPa}$ 下，红土在双向动荷载作用下，初始动剪切模量随相位差的变化曲线如图 5-14 所示，从图 5-14 可以看出，相位差对红土初始动剪切模量的影响在 $\varphi=$ 180°之前和之后呈现相反的规律，当相位差在 0°～180°范围内时，随着相位差的增大，初始动剪切模量减小，当相位差在 180°～360°范围内时，初始动剪切模量随着相位差的增大而增大。由上述分析可知，相位差对红土初始动剪切模量具有非常大的影响，当土体所承受的轴向动荷载和径向动荷载的相位差为 180°时，也即轴向动荷载和径向动荷载反相时，土体的初始动剪切模量会急剧衰减，土体在此种动荷载作用下，其抵抗剪切变形的能力将非常微弱，甚至丧失，在实际地震中，一旦出现径向动荷载幅值较大，且轴向和径向动荷载反相时的荷载组合，会对地基土体的抗震产生极为不利的影响。图 5-14 还表明，红土的初始动剪切模量随着径向动荷载幅值的增大有降低的趋势，这说明以往在单向动荷载作用下测得的反映土体动力特性的参数用于土体的抗震设计是偏于不安全的。

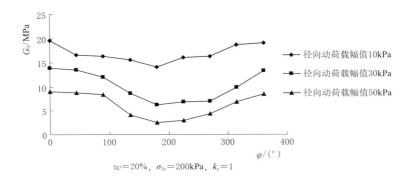

图 5-14　不同径向动荷载幅值下红土的 $G_0 - \varphi$ 关系曲线

5.3　双向动荷载作用下红土的动变形特性

　　本节以红土的动剪切应变为研究对象，分析径向动荷载幅值、预剪应力、固结应力、相位差等因素对红土动剪切应变的影响；以红土的滞回曲线为研究对象，分析含水率、固结应力、径向动荷载幅值等因素对红土滞回曲线特性的影响；以红土的阻尼比为研究对象，分析含水率、径向动荷载幅值等因素对红土阻尼比特性的影响。

5.3.1　红土的动剪切应变特性

　　本书在分析红土在双向动荷载作用下的动变形特性时，需要以动剪切应变为研究对象，通过试验直接测得的是红土的动应变，故利用式（5-9）将动应变换算成动剪切应变。

5.3.1.1　不同径向动荷载幅值下红土的动剪切应变

　　不同径向动荷载幅值下红土的 $\gamma_d - N$ 关系曲线如图 5-15 所示，可以看出，红土在双向动荷载作用下的动剪切变形发展基本也经历了上述三个阶段，其动剪应变与振动次数近似呈指数型关系增长，振动次数较小时，动应变发展较慢，随循环次数进一步增加，动应变增加幅度越来越大，曲线越来越陡，说明此时土体已经进入塑性变形阶段，即将破坏。定义振动剪切阶段向振动破坏阶段过渡的循环周次为临界循环次数，可以看出临界循

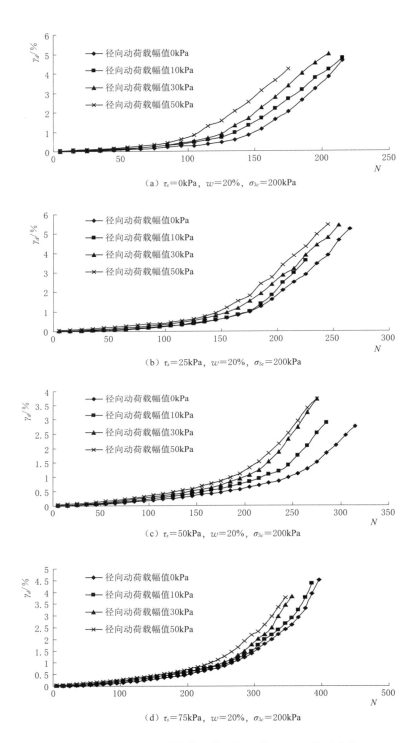

（a）$\tau_s=0$kPa，$w=20\%$，$\sigma_{3c}=200$kPa

（b）$\tau_s=25$kPa，$w=20\%$，$\sigma_{3c}=200$kPa

（c）$\tau_s=50$kPa，$w=20\%$，$\sigma_{3c}=200$kPa

（d）$\tau_s=75$kPa，$w=20\%$，$\sigma_{3c}=200$kPa

图 5-15 不同径向动荷载幅值下红土的 γ_d-N 关系曲线

环振次随着预剪应力的增大而增大。这主要是因为预剪应力的施加相当于在振前施加了一个预压密作用，土体孔隙比减小，土样更加密实，颗粒间摩擦力增大，抵抗剪切变形的能力增强。由图 5-16 还可以看出，随着径向动荷载幅值的增加，红土在较小的循环次数下就产生较大变形，N_{dc} 随着径向动荷载幅值的增大而减小。

5.3.1.2 不同固结应力下红土的动剪切应变

等压固结情况下，红土在不同固结应力下的 $\gamma_d - N$ 关系曲线如图 5-16 所示。由图 5-16 可以看出，随着固结应力的增大，红土在相同循环周次下的动剪切应变越小，也即红土在双向动荷载作用下的动剪应变发展速率随着固结应力的增大而减缓，固结应力对土体动剪应变的影响机理和预剪应力是一致的。

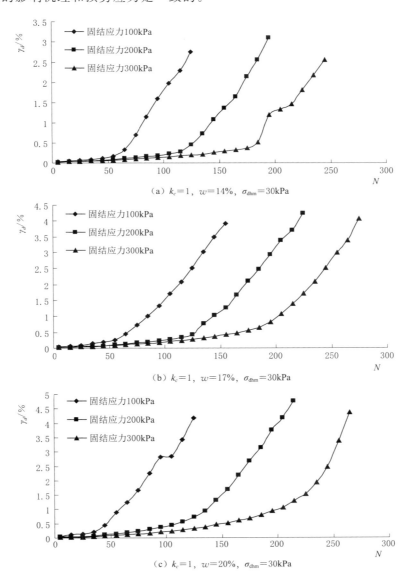

（a）$k_c=1$，$w=14\%$，$\sigma_{dhm}=30\text{kPa}$

（b）$k_c=1$，$w=17\%$，$\sigma_{dhm}=30\text{kPa}$

（c）$k_c=1$，$w=20\%$，$\sigma_{dhm}=30\text{kPa}$

图 5-16（一） 不同固结应力下红土的 $\gamma_d - N$ 关系曲线

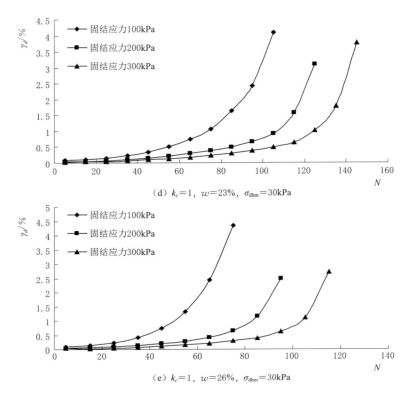

(d) $k_c=1$, $w=23\%$, $\sigma_{dhm}=30kPa$

(e) $k_c=1$, $w=26\%$, $\sigma_{dhm}=30kPa$

图 5-16（二）　不同固结应力下红土的 γ_d - N 关系曲线

5.3.1.3　不同相位差下红土的动剪切应变

固结应力为 200kPa 时，不同相位差下红土的 γ_d - N 关系曲线如图 5-17 所示。由图 5-17 可以看出，相位差为 180°时，红土在双向动荷载作用下的动剪切应变发展速度最快，动剪切应变随着动荷载作用的发展以相位差 180°为分界点呈相反的变化趋势，当相位差小于 180°时，随着相位差的增大，红土动剪切应变的发展速度加快，当相位差大于 180°时，红土动剪切应变的发展速度随着相位差的增大而逐渐减小。相位差为 180°时，当径向动荷载幅值为 50kPa 时，红土在双向动荷载作用下的动剪切应变发展几乎呈线性，在动荷载作用下，变形急剧增大而在很少的动荷载循环次数下即发生破坏，如图 5-17（e）、（f）所示。

5.3.2　红土的滞回曲线特性

为分析含水率、固结应力和径向动荷载幅值对红土滞回曲线的影响，分别绘制了不同物态和应力状态下红土的滞回曲线，每条滞回曲线均为该土样在破坏振级破坏周次前一周的偏应力与轴向应变关系曲线。

5.3.2.1　不同含水率下红土的滞回曲线

固结应力为 100kPa、200kPa、300kPa，等压固结，径向动荷载幅值 30kPa 情况下，不同含水率时红土的滞回曲线如图 5-18 所示。图 5-18（a）～（c）表明，双向动荷载作

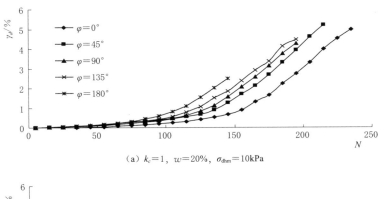

（a）$k_c=1$，$w=20\%$，$\sigma_{dhm}=10\text{kPa}$

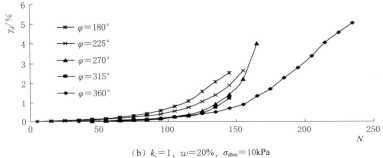

（b）$k_c=1$，$w=20\%$，$\sigma_{dhm}=10\text{kPa}$

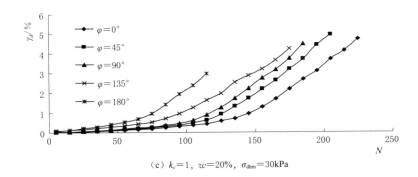

（c）$k_c=1$，$w=20\%$，$\sigma_{dhm}=30\text{kPa}$

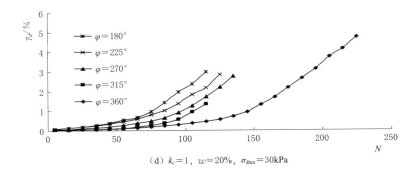

（d）$k_c=1$，$w=20\%$，$\sigma_{dhm}=30\text{kPa}$

图 5-17（一）　不同相位差下红土的 γ_d - N 关系曲线（$\sigma_{3c}=200\text{kPa}$）

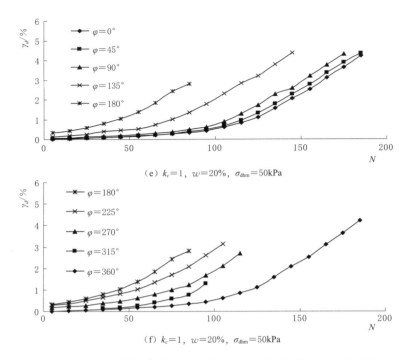

（e）$k_c=1$，$w=20\%$，$\sigma_{\text{dhm}}=50\text{kPa}$

（f）$k_c=1$，$w=20\%$，$\sigma_{\text{dhm}}=50\text{kPa}$

图 5-17（二）　不同相位差下红土的 $\gamma_d - N$ 关系曲线（$\sigma_{3c}=200\text{kPa}$）

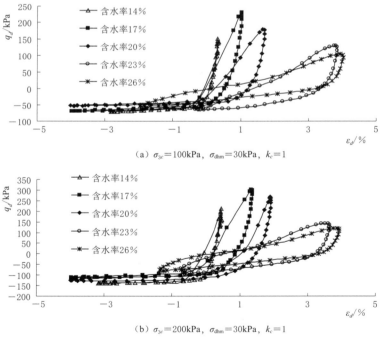

（a）$\sigma_{3c}=100\text{kPa}$，$\sigma_{\text{dhm}}=30\text{kPa}$，$k_c=1$

（b）$\sigma_{3c}=200\text{kPa}$，$\sigma_{\text{dhm}}=30\text{kPa}$，$k_c=1$

图 5-18（一）　双向动荷载下含水率对滞回曲线的影响

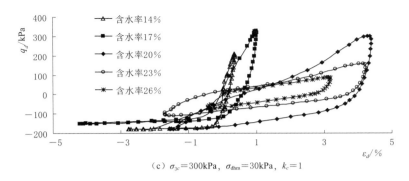

（c）$\sigma_{3c}=300\text{kPa}$，$\sigma_{dhm}=30\text{kPa}$，$k_c=1$

图 5-18（二） 双向动荷载下含水率对滞回曲线的影响

用下，含水率对等压固结时红土土样的破坏模式有明显的影响。含水率较低时，土样的拉伸变形发展较快，并最终呈受拉破坏模式，而含水率较高时，土样压缩变形发展较快，并最终呈受压破坏模式。这主要是因为含水率较低时，红土颗粒间具有较高的联结强度，土体具有较高的抵抗压缩变形的能力，土样在较大的轴向动荷载作用下主要成拉伸变形，由于重塑红土土样抗拉强度很低，因此其拉伸变形迅速发展并最终呈受拉破坏，含水率较高时，红土颗粒间联结被破坏，土体抵抗压缩变形的能力较弱，土样在较小的轴向动荷载作用下压缩变形发展较快，并最终呈受压破坏模式。

5.3.2.2 不同固结应力下红土的滞回曲线

含水率 14%、17%、20%、23%、26%，等压固结，径向动荷载幅值 30kPa 情况下，不同固结应力时红土的滞回曲线如图 5-19 所示。图 5-19 表明，双向动荷载作用下，固结应力对等压固结时红土土样的破坏模式有明显的影响。固结应力较小时，土样的拉伸变形发展较快，并最终呈受拉破坏模式，而固结应力较大时，土样压缩变形发展较快，并最终呈受压破坏模式。这主要是因为等压固结条件下，$\sigma_{dvms}<\sigma_{3c}$ 时，土样压缩变形发展较快，$\sigma_{dvms}>\sigma_{3c}$ 时，土样拉伸变形发展较快，当固结应力较小时，土样积累的压缩变形较小，不足以达到破坏条件，土样进入拉伸变形较快发展阶段后拉伸变形迅速发展并最终呈受拉破坏模式，固结应力较大时，土样积累的压缩变形已经达到破坏条件，此时土样呈受压破坏模式。

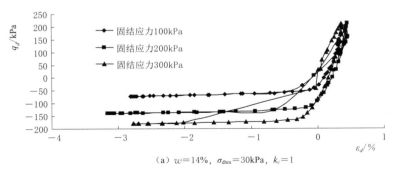

（a）$w=14\%$，$\sigma_{dhm}=30\text{kPa}$，$k_c=1$

图 5-19（一） 双向动荷载下固结应力对滞回曲线的影响

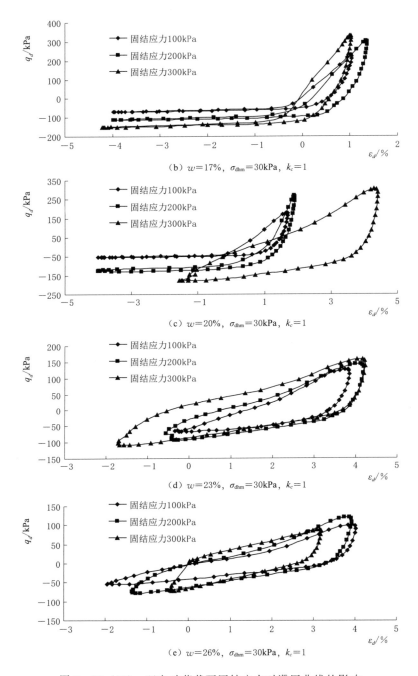

（b）$w=17\%$，$\sigma_{dhm}=30$kPa，$k_c=1$

（c）$w=20\%$，$\sigma_{dhm}=30$kPa，$k_c=1$

（d）$w=23\%$，$\sigma_{dhm}=30$kPa，$k_c=1$

（e）$w=26\%$，$\sigma_{dhm}=30$kPa，$k_c=1$

图 5-19（二）　双向动荷载下固结应力对滞回曲线的影响

5.3.2.3　不同径向动荷载幅值下红土的滞回曲线

固结应力为 100kPa、200kPa、300kPa，等压固结，不同径向动荷载幅值下红土的滞回曲线如图 5-20 所示。从图中可以看出，$\sigma_{dhm}\neq0$ 与 $\sigma_{dhm}=0$ 时土样的破坏模式并没有发生改变，即一定范围内径向动荷载幅值的施加和增加对红土的破坏模式没有影响，但随着径向动荷载幅值的增加，滞回曲线向左偏移，红土土样的压缩变形发展被抑制，说明径向动荷载幅值的施加会促使土样拉伸变形的发展。这主要是因为固结不排水试验过程中因空气压缩而导致的体应变几乎为零，径向动荷载幅值的施加和增加会加速土样侧向应变的发展，相应的轴向压缩变形被抑制，拉伸变形发展，因此双向动荷载作用下土样偏向于发生受拉破坏。

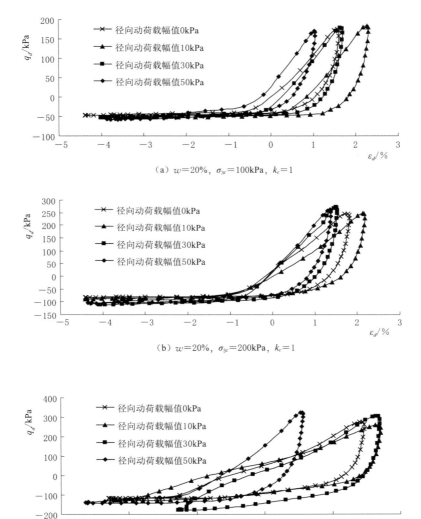

(a) $w=20\%$, $\sigma_{3c}=100\text{kPa}$, $k_c=1$

(b) $w=20\%$, $\sigma_{3c}=200\text{kPa}$, $k_c=1$

(c) $w=20\%$, $\sigma_{3c}=300\text{kPa}$, $k_c=1$

图 5-20 双向动荷载下径向动荷载幅值对滞回曲线的影响

通过以上分析，可以得出，双向动荷载作用下，含水率、固结应力和径向动荷载幅值对红土的变形发展模式和破坏形式存在至关重要的影响。

图 5-18～图 5-20 中滞回曲线的形状基本呈月牙形而不是椭圆形，这是因为 SDT-20 型土动三轴试验机做出的实际资料中，包含着塑性变形，双向动荷载作用下反映在图

上表现为滞回圈呈月牙形,表明了径向动荷载的耦合作用对滞回曲线的影响。

5.3.3 红土的阻尼比特性

阻尼比反映土体在动荷载作用下,由于内摩擦作用不断消耗能量这一特性,其大小等于在一个循环过程中,消耗能量与总振动能量的比值。常规法计算阻尼比的公式为

$$\lambda = \frac{1}{4\pi} \frac{\Delta W}{W} \tag{5-10}$$

式中 λ——阻尼比;

ΔW——滞回曲线所包围的面积;

W——图中 $\triangle OAB$ 的面积,如图 5-21 所示。

式(5-10)来源于黏弹性体的动力平衡方程式,它要求 ΔW 必须是椭圆形状的滞回曲线所包围的面积,由前文可知,双向动荷载下红土的滞回圈形状基本呈月牙形而不是椭圆形,故此时上述方法已不适用来计算分析阻尼比的变化规律,查找相关资料后本书尝试采用滞后角测试法来计算分析阻尼比的变化规律。

从土动力学知识可知土的阻尼比为

$$\lambda = \frac{1}{2} \mathrm{tg}\phi \tag{5-11}$$

式中 ϕ——土动应力与动应变间的相位差,即动应变对动应力在相位上的滞后数量。反映土的阻尼特性,根据记录的应力应变与实践关系的时程曲线,如图 5-22 所示,在图中求出周期 T 和应力与应变峰值的时间差 Δt,则土动应力与动应变间的相位差为

$$\phi = \frac{\Delta t}{T} \times 360° \tag{5-12}$$

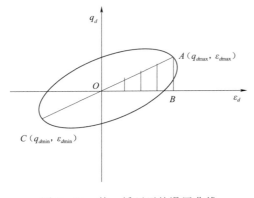

图 5-21 某一循环下的滞回曲线

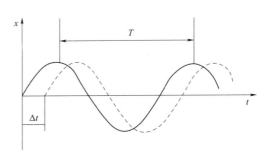

图 5-22 应力应变时程曲线

5.3.3.1 不同含水率下红土的 $\lambda - \gamma_d$ 关系曲线

谢定义认为,当土骨架的孔隙为水和气所填充而组成三相介质时,它会有三类压缩波(即液体的 P1 波、土骨架的 P2 波和气体的 P3 波)和一种横波(土骨架的 S 波)。由物理学知识可知,固体中既能传播横波,也能传播纵波,而液体和气体中只能传播纵波。

不同含水率下红土的 λ-γ_d 关系曲线如图 5-23 所示。可以看出，$w<20\%$ 时，阻尼比随含水率的增大而增大，$w>20\%$ 时，含水率对阻尼比的影响可以忽略不计。这是因为含水率较低时，应力波在土颗粒间的传播路径较多而在气体和液体之间的传播路径较少，这使得能量耗损较小，表现为阻尼比较小，而随着含水率的增加，应力波在土颗粒之间的传播路径减少而在气体和液体之间的传播路径增加，相应的能量耗损变大，表现为阻尼比增大，当含水率增大到某一程度，应力波在土颗粒、气体、液体之间的传播路径没有明显变化，不同含水率下阻尼比随动剪应变变化的曲线基本重合。

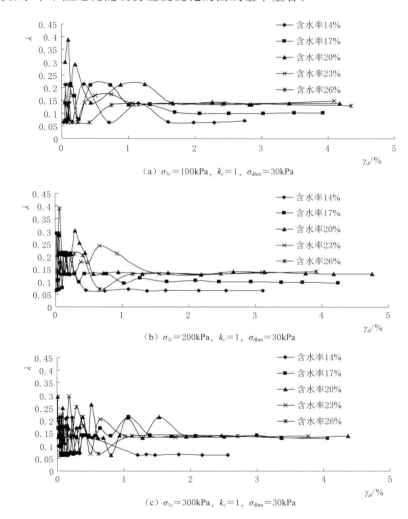

(a) $\sigma_{3c}=100\text{kPa}$, $k_c=1$, $\sigma_{dhm}=30\text{kPa}$

(b) $\sigma_{3c}=200\text{kPa}$, $k_c=1$, $\sigma_{dhm}=30\text{kPa}$

(c) $\sigma_{3c}=300\text{kPa}$, $k_c=1$, $\sigma_{dhm}=30\text{kPa}$

图 5-23 不同含水率下红土的 λ-γ_d 关系曲线

5.3.3.2 不同径向动荷载幅值下红土的 λ-γ_d 关系曲线

不同径向动荷载幅值下红土的 λ-γ_d 关系曲线如图 5-24 所示。可以看出，动剪切应变较小（$\gamma_d<1\%$）时，阻尼比的变化没有特定规律，而当 $\gamma_d>1\%$ 时，随动剪切应变增加阻尼比处于稳定平衡阶段。这是因为，初期施加动荷载时，双向动荷载作用下土颗粒的运动方向具有随机性，导致土颗粒之间相对错动的大小没有规律性，土颗粒间相对错动较小时，内摩阻力做功相应较少，消耗能量低，使得阻尼比较小，而当土颗粒间相对错动较大时，阻尼比相应较大，故阻尼比随初期动剪切应变的增加表现出随机变化的特征，当动剪切应变增加到一定程度，土体进入塑性变形阶段，土颗粒重新排列组合，土体形成新的相对稳定结构，土颗粒之间的相对运动达到相对稳定阶段，应力波传递所消耗的能量趋于稳定，表现为阻尼比稳定平衡。从图中还可看出径向动荷载对阻尼比变化影响的规律性不明显。

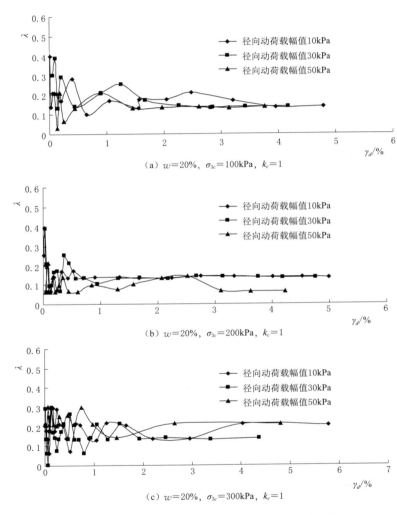

（a）$w=20\%$，$\sigma_{3c}=100\text{kPa}$，$k_c=1$

（b）$w=20\%$，$\sigma_{3c}=200\text{kPa}$，$k_c=1$

（c）$w=20\%$，$\sigma_{3c}=300\text{kPa}$，$k_c=1$

图 5-24 不同径向动荷载幅值下红土的 λ-γ_d 关系曲线

图 5-23 和图 5-24 中大部分阻尼比处于 0.05～0.25 之间，这与以往的研究成果相一致，但当动剪切应变较小时，会出现阻尼比较大的情况，这与动剪切应变较小时阻尼比也较小的常规情况不一致，这可能是因为选择的计算阻尼比的方法所致，使得动剪切应变较小时计算出的阻尼比的部分数据具有较低的可信度，因此本书建议采用稳定平衡阶段计算出的阻尼比为准作为参考。

5.4　本　章　小　结

以重塑红土为研究对象,在双向激振三轴仪上进行了一系列试验,探究了红土的动应力应变关系曲线、动剪切模量、动剪切应变、滞回曲线和阻尼比特性,得出的主要结论如下:

1. 红土的动应力-动应变关系曲线特性

固结应力不同时,红土动应力-动应变关系曲线随着初始双向动荷载耦合作用的变化表现出不同的变化特性,当固结应力为 100kPa 时,径向动荷载幅值越大即初始双向动荷载耦合作用越强,施加动荷载初期动应力-动应变关系曲线更陡、更高;当固结应力为 200kPa 和 300kPa 时,随着初始双向动荷载耦合作用增强,动应力-动应变关系曲线先变陡、变高,再变缓、变低。这主要是因为固结应力较小和较大时的预压密作用是否足够充分所致。

2. 红土的动剪切模量特性

(1) 双向动荷载作用下,红土的动剪切模量随着动剪切应变的增大而减小;径向动荷载幅值对红土的 $G_d - \gamma_d$ 关系曲线没有明显的影响,对红土的 $G_d - N$ 关系曲线有明显的影响,红土的动剪切模量随着动荷载循环振次的增大而发生衰减,随着径向动荷载幅值的增大,红土在相同循环振次下的动剪切模量减小,其抵抗剪切变形的能力降低;随着固结比的增大,相同循环振次下红土的动剪切模量增大。

(2) 双向动荷载作用下,相位差对红土的初始动剪切模量有明显影响。初始动剪切模量随相位差的变化在 0°~180°内与 180°~360°表现出相反的规律,即初始动剪切模量随相位差的增大先减小后增大,在相位差为 180°时达到最小值,即在轴向动荷载和径向动荷载反相时,土体抵抗剪切变形的能力将迅速丧失,此时会对土体的抗震能力产生非常不利的影响。

3. 红土的动剪切应变特性

(1) 双向动荷载作用下,红土动剪应变与振动次数近似呈指数型关系增长,预剪应力和固结应力对土体均起到预压密作用,使土体变得更加密实,颗粒间的摩擦力增大,其抵抗剪切变形的能力也变得更强。

(2) 相位差对红土在双向动荷载作用下的动变形特性有明显的影响,红土在双向动荷载作用下的动剪应变发展在相位差为 180°时最快,当相位差小于 180°时,随着相位差的增大,红土动剪应变的发展速度加快,当相位差大于 180°时,红土动剪应变的发展速度随着相位差的增大而逐渐减缓,在实际工程中,应尽量避免轴向和径向反相且径向荷载强度较大的动荷载组合。

4. 红土的滞回曲线特性

(1) 双向动荷载作用下,含水率和固结应力对等压固结时红土土样的破坏模式有明显的影响,含水率较低或固结应力较小时,土样的拉伸变形发展较快,并最终呈受拉破坏模式,而含水率较高或固结应力较大时,土样压缩变形发展较快,并最终呈受压破坏模式,一定范围内径向动荷载幅值的施加和增加对红土的破坏模式没有影响,但径向动荷载的施加会促使土样拉伸变形的发展。

（2）双向动荷载作用下滞回曲线的形状基本呈月牙形而不是椭圆形，这表明了径向动荷载的耦合作用对滞回曲线的影响。

5. 红土的阻尼比特性

（1）含水率对红土的阻尼比有一定影响，$w<20\%$ 时，阻尼比随含水率的增大而增大，$w>20\%$ 时，含水率对阻尼比的影响可以忽略不计；径向动荷载对阻尼比变化影响的规律性不明显。

（2）动剪应变较小（$\gamma_d<1\%$）时，阻尼比的变化没有特定规律，而当 $\gamma_d>1\%$ 时，随动剪应变增加阻尼比处于稳定平衡阶段，本书建议采用稳定平衡阶段计算出的阻尼比为准作为参考。